大数据

挖掘数据背后的真相

データサイエンス「超」入門：
嘘をウソと見抜けなければ、
データを扱うのは難しい

［日］松本健太郎
田中景 ——— 著
——— 译

浙江人民出版社

图书在版编目（CIP）数据

大数据：挖掘数据背后的真相 / （日）松本健太郎
著；田中景译. -- 杭州：浙江人民出版社，2020.6
ISBN 978-7-213-09737-9

Ⅰ. ①大… Ⅱ. ①松… ②田… Ⅲ. ①数据采集—研
究 Ⅳ. ①TP274

中国版本图书馆CIP数据核字（2020）第083006号

浙江省版权局
著作权合同登记章
图字：11-2019-381 号

DATA SCIENCE "CHO" NYUMON
by KENTARO MATSUMOTO
Copyright © 2018 KENTARO MATSUMOTO
Original Japanese edition published by Mainichi Shimbun Publishing Inc.
All rights reserved
Chinese (in simplified character only) translation copyright © 2020 by Zhejiang People's
Publishing House
Chinese (in simplified character only) translation rights arranged with
Mainichi Shimbun Publishing Inc. through Bardon-Chinese Media Agency, Taipei.

大数据：挖掘数据背后的真相

[日] 松本健太郎　著　田中景　译

出版发行：浙江人民出版社（杭州市体育场路 347 号　邮编：310006）
　　　　　市场部电话：（0571）85061682　85176516
责任编辑：尚　婧　何英娇
营销编辑：陈雯怡　陈芊如
责任校对：陈　春
责任印务：聂绪东
封面设计：新艺书文化有限公司
电脑制版：北京唐人佳悦文化传播有限公司
印　　刷：北京毅峰迅捷印刷有限公司
开　　本：710 毫米 ×1000 毫米　1/16　　　印　　张：14
字　　数：185 千字
版　　次：2020 年 6 月第 1 版　　　　印　　次：2020 年 6 月第 1 次印刷
书　　号：ISBN 978-7-213-09737-9
定　　价：58.00 元

如发现印装质量问题，影响阅读，请与市场部联系调换。

序言

本书是为那些想学习数据科学却不擅长数学，又不知道从哪里学起的人写的超级入门书。

大家好！初次见面，非常感谢各位能够对本书感兴趣！我叫松本健太郎，在东京从事与营销业务相关的数据分析工作，职业定位被称为"数据分析师"。我平时的工作内容是分析消费者隐含的心理，看清他们的真正需求，并将分析结果写成总结报告，所以也被称为"数据科学家"。

本书的主题是"数据读法"。数据读法，并非简单地把"1"读作"1"，而是**理解数据所具有的特征，并由此联想到数据背后隐藏的真相，觉察出数据的失真感**，有时还要赶到现场对数据所要表达的结论做出解读。说到底，数据科学家的一大半工作都是在"解读数据"。可能有人会把数据科学理解为利用统计学及最近流行的 AI（人工智能）所开展的很高难的科学，其实这是人们的误解。

所谓数据科学，并不是"统计学 +AI"。科学（science）的词源是"知识""知道"，但后来发生了一点转变，是指建立在体系基础之上的知识和经验。因此，从广义上来看，数据科学就是指"关于数据的学问""利用数据了解事物是什么的学问"。因此，**如果认为"数据科学 = 统计学 +AI"，那就**

过于狭义了。虽然很多人学了数据科学，但因不擅长数学而备受挫折。我认为，他们很可能就是过于束缚在这个狭隘意义上了。

例如，需要具备推理能力、思考能力、看透事物的观察能力和洞察能力等逻辑思考，也是"知道"的重要学问之一。这种学问体系就是数据科学，掌握了这个体系的人被称为数据科学家。

通过本书，读者能够模拟体验数据科学家平时都是如何读取数据的。通过对数据的读取，多少能够掌握一些数据的处理方法，提高自己理解和分析数据的能力，能让大家产生"从明天开始再好好学学数据科学"的想法，也就达到了我撰写本书的目的了。

那么，就让我们开始一起学习吧。

松本健太郎

目 录

第4章　从结果来看，"安倍经济学"使景气好转了吗

第5章　东日本大地震之后到什么状况才能够说复兴了

第6章　经济大国日本为什么又被说成贫困大国

第1章

让全是偏见的我拥有解读数据的能力

本书采用的新闻报道共有以下 10 个主题：访日游客的增加、舆论调查的可靠性、"安倍经济学"的成果、东日本大地震后的状况、相对贫困、失业率的下降、年轻人远离 ×× 、全球变暖问题、减肥和恩格尔系数的上升。

这 10 个主题的数据都是政府机构公布的公开数据。所谓公开数据，是指通过官方网站等媒体任何人都可以自由收集、利用或再次传播的数据。本书开头所介绍的《关于信息通信媒体的使用时间和信息行为的调查报告》也是公开数据，就像检索"信息通信"这个词大家都能够看到相同的数据一样。

通过设定目的、收集数据、检查 / 统计、分析这四个步骤，让我们立即开始提升数据解读能力的训练吧！

· 有人仅相信想相信的内容

要提升读取数据的能力，必须先学会怀疑数据，说到底就是要学会怀疑人的判断和行动。因为每个人都有"思想的偏见"，多少都带有一点"自己才是正确的"的想法，这种认识越强烈，偏见就越严重；偏见一严重，就更愿意**相信自己想相信的内容**，眼光仅对准对自己有利的数字，甚至还会对数字做出信口开河的解释。

更可怕的是，处于这种状态的人很难意识到自己的偏见，他们始终认为自己在正视现实并做出了合理且理性的判断。人们把这种症状命名为**认知偏见**。

认知偏见并非在互联网普及、信息摄入量增加之后才出现的症状，而是在更早的时候就已经出现了，甚至可能是自人类诞生后就一直存在的症状。

· 从古代开始人就充满偏见

　　下面举几个具有代表性的例子。

　　其一是在《高卢战记》中记载的故事。公元前 58 年至公元前 51 年在高卢（相当于现在法国、比利时和瑞士一带）发生的古罗马与高卢、日耳曼之间的战争，史称高卢战争。顺便提一下，《高卢战记》是古罗马军队的指挥官尤利乌斯·恺撒撰写的。

　　据《高卢战记》记载，为了打破战争的胶着状态，副将萨比努斯向敌军派去了奸细，奸细在敌军阵营里散布流言，"罗马军队害怕了""指挥官恺撒正在苦苦支撑，萨比努斯正派军队前往支援"。敌军正好处于粮草难以为继的境况之中，于是就简单地相信了对他们自己来说非常有利的流言，对萨比努斯的军队发动奇袭，结果被早已做好充分迎战准备的萨比努斯彻底击垮。

　　捷报传来之后，恺撒在《高卢战记》里写下这样一句话："人们都从自己的角度相信自己想相信和自己希望发生的事情。"

　　另外，这里介绍一个关于巴西的日裔移民的悲剧。巴西方面希望缓解劳动力短缺的局面，日本方面希望缓解人口过剩的局面，双方一拍即合，从 1908 年开始，很多日本人移民到了巴西。到了巴西的日本人虽深受迫害，但也抱着怀念祖国的信念顽强地活了下来，其中也有一些日本人取得了成功。

　　1945 年 8 月，日本接受《波茨坦公告》，承认战败。但是，巴西移民中有一部分人不接受日本战败的事实，认定日本战胜了以美国为首的盟军部队，并称自己为"战胜帮"，同时把接受战败事实的人蔑称为"战败帮"。这就是如今日本还在使用的"战胜帮"和"战败帮"两个词汇的来源。

双方的对立日益激化，相信自己想相信的事情的"战胜帮"于 1946 年对"战败帮"发起了恐怖行动，进而爆发了日本人和巴西人之间的大规模暴动。眼看事态不断加重，各国政府在"战败帮"的协助下，把在日本国内发行的报纸及来自"战胜帮"的亲友的信件送到"战胜帮"手中，千方百计让他们接受日本已经战败的事实。这个过程就用了十多年的时间。

顺便提一下，在日本经济高速增长末期的 1973 年，从巴西回到日本的"战胜帮"中的一个人说了这样一句话："**有着如此气派辉煌的机场和摩天大楼的日本绝对不可能战败了。**"

最后介绍的是我们大家仍然记忆犹新的、由东日本大地震引发的福岛核辐射事故。为什么会发生那场核事故？怎样做才能防止那场核事故？政府、国会和百姓各自站在自己的立场上成立了调查取证委员会。其中，政府设立的事故调查委员会（东京电力福岛核电站调查取证委员会）在历经一年零一个月的调查、取证之后，拿出了报告。

该报告在其结尾处写下了担任委员长的畑中先生的感想："**应发生的事情发生了，认为是不可能发生的事情也发生了。**""**不想看见的看不见，想看见的看见了。**"

"海啸即使发生，照理来说也不会到达这里""长时间全部停电，照理来说不可能发生"，在这些假设前提下建设并运营的核电站，却遭受了海啸的冲击，并导致全国大范围的停电。

人们都按照自己的思路想："即使发生了也不至于出现令人讨厌的状况吧。"但如果出于安全考虑采取一些对策，就会被以下这些话说服了："**这难道不是真的要发生吗？你想让当地居民每天都提心吊胆地过日子吗？**"可他们并没有。那些被人们认定的无数想法积累起来，只因一点点的偶然事件就引发了那场重大事故。

正是由于如上所述的认知偏见，致使人们生活在难忍的痛苦之中。同样的例子不胜枚举。尽管做出判断并依此行动的当事人很认真，但他们是否相信自己做出了不正确的选择呢？显然没有。所以，要想掌握读取数据的正确方法，最先要做的事情就是怀疑自己的判断和行动。

"我是不会被认知偏见之类的事情牵着走的。"如果你也曾经这样想过，那么，我在这里随意拿出一个数据给大家介绍一下。

·只有叔叔阿姨在用 Facebook

大家都知道 Facebook（脸书）这个社交网络服务工具吧。2011 年 2 月前后我开始使用它，当时我的印象是，其用户基本都是 20~35 岁的人，但不知从何时开始，感觉都是一些上了岁数的人在用了。

大家都有一两次这样的经历吧：从既没见过也不认识的快 60 岁的人那里飞来了"早上好！今天还要加油工作≧∀≦ *"这种带有表情的文字信息。来自上了岁数的人带有奇怪表情的问候，不禁让收信人全身汗毛根根倒立，但因为是用 Facebook 发来的，所以好不容易忍了下来。

不知从何时开始，人们都说："只有叔叔阿姨在用 Facebook。"这（总搞恶作剧）大概就是年轻人不太愿意使用 Facebook 的理由之一吧。

那么，Facebook 果真都是那些叔叔阿姨在用吗？

实际上，日本总务省每年都要发布《关于信息通信媒体的使用时间和信息行为的调查报告》。这份报告根据信息通信媒体使用环境的变化、使用时间段、使用目的及可信任程度等，针对从 10 多岁到 60 多岁的用户共计 1,500 人开展了问卷调查。

这份报告也记载了人们对社交网络的使用程度。那么，各个年龄段有多少人在使用 Facebook 呢？ 2016 年的报告结果如下：使用 Facebook 人数最多的年龄段实际上是 20~29 岁；30~39 岁的略少一点，排在第二位；10~19 岁的人用得比较少（见图 1–1）。看到这一结果，就知道"只有叔叔阿姨在用 Facebook"是一句谎话了。

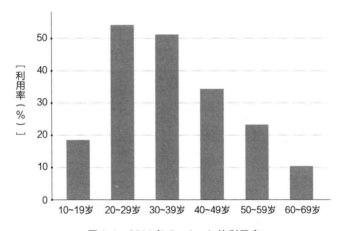

图 1–1　2016 年 Facebook 的利用率

（出处：日本总务省《关于信息通信媒体的使用时间和信息行为的调查报告》）

那么，改变一下数据的读取方法看看。

这份数据的利用"率"是通过各年龄段回答者的使用比例计算出来的。因为同时公布了各年龄段的回答者数量，因此就可以求出各年龄段"使用 Facebook 的人数"（见表 1–1）。

表 1-1　2016 年 Facebook 使用人数

单位：人

	10~19 岁	20~29 岁	30~39 岁	40~49 岁	50~59 岁	60~69 岁	合计
回答 人数	140	217	267	313	260	303	1,500
使用 人数	26	119	138	108	61	32	484
占比 （%）	18.6	54.8	51.7	34.5	23.5	10.6	32.3

（出处：日本总务省《关于信息通信媒体的使用时间和信息行为的调查报告》）

实际上，并非分布在每个年龄段的人数都相同，如果把日本的总人口缩减为 1,500 人，大体上就是表 1-1 那样的分配结果：10~19 岁年龄段的人使用 Facebook 的特别少。这正表明了日本的"少子化"现状。

那么，如果看一下各年龄段使用人数的占比情况，就看到了完全不同的情景（参见图 1-2）。

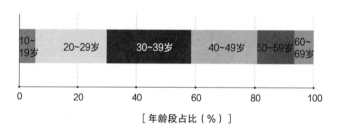

[年龄段占比（%）]

图 1-2　2016 年 Facebook 使用人数各年龄段占比

仅从 2016 年的结果来看，40~69 岁使用 Facebook 的人数只占了全部使用人数的 40% 多一点，这就得出了不能断言"只有叔叔阿姨在用 Facebook"的结果。

顺便提一下，这个调查采用了 2012~2016 年共 5 年的数据，每年抽取

1,500 人开展问卷调查，各年龄段使用人数占比的变动见图 1-3 和表 1-2。

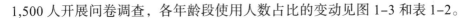

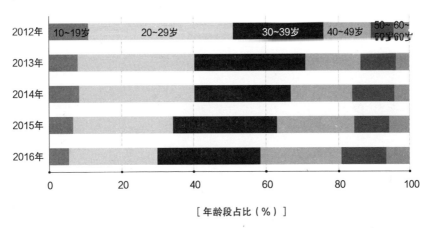

图 1-3　2012~2016 年 Facebook 使用人数各年龄段占比的变动
（出处：日本总务省《关于信息通信媒体的使用时间和信息行为的调查报告》）

表 1-2　2016 年与 2012 年相比使用人数的增加情况

	10~19 岁	20~29 岁	30~39 岁	40~49 岁	50~59 岁	60~69 岁	合计
2012 年（人）	27	100	62	33	16	11	249
2016 年（人）	26	119	138	108	61	32	284
增加率（倍）	0.96	1.19	2.23	3.27	3.81	2.91	1.14

仅从这几年的数据来看，2012 年，10~39 岁使用人数占比接近 80%，不过，随着时间的流逝，其占比在下降。这 5 年间使用增长率最多的是 40~59 岁的人。

也就是说，与其说"只有叔叔阿姨在用 Facebook"，还不如用"叔叔阿姨中使用 Facebook 的人数迅猛增加，所以让人感到只是他（她）们在用"

的表达更为准确。难道不是这样吗？

· 人从多少岁开始被称为"叔叔阿姨"

人们对事物的看法本身也在发生变化。

我以前曾分析过人从多少岁开始应该被称为叔叔，到多少岁之前被称为老兄。其结果是：如果 25 岁以内的人看到比他大 12 岁以上的人，就应该称其为叔叔；如果 25~39 岁的人看到 35 岁以上的人，且那个人看上去还算整洁的话，可以称其为老兄；但如果那个人留有胡须，或者有官职，那么即使是和自己一个年龄段的人也应该称其为叔叔。也就是说，**对 20 多岁的人来说可以把 30 多岁的大多数人称为叔叔**（虽然不太清楚女性从多少岁开始被称为阿姨，但大概也可以与男性同样考虑吧）。

那么，再回到正题上来，"只有叔叔阿姨在用 Facebook"的看法是从"谁"的角度得出的结论呢？应该不是 30 多岁的人发出的感慨吧，也许是10 多岁或 20 多岁的人的看法。如果是这样，那么对目前把 40 岁以上的人称为叔叔阿姨来分析的做法就必须要修改了。

请再次看看图 1-3，可知"叔叔阿姨中使用 Facebook 的人数迅猛增加，**所以，让人感到只是他（她）们在用**"的表达的确是很准确的。

说到底，至此所做的说明只不过是数据的读取方法之一，不能就此断言这就是真的。但是，大家应该明白，**如果不经过认真验证，对"只有叔叔阿**

姨在用 Facebook"这一看法绝对不能盲信。

如果大家曾经对"只有叔叔阿姨在用 Facebook"这句话表示认同过,"是啊!是啊!""我也那么认为",那么,读到这里,你应该能够把"我没有被认知偏见牵着走"的话收回。如果真是这样,我会感到很高兴。

· 对"谷歌总撒谎"的深究能力才是解读能力

要想做到不盲信数据,不被偏见蒙蔽,就必须深究"那句话是真的吗""那个数据的解读方法正确吗"。我把这种深究能力称为"解读能力"。如果拥有很强的解读能力,就能够顺利地读取数据。

所谓解读能力,简单说就是恰当地读取、分析及表达的能力。把输入、思考和输出三种能力加起来才能称得上具有解读能力,一个都不能少。如图 1-4 所示。

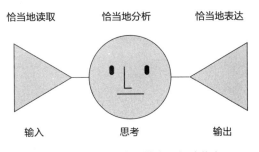

图 1-4　输入 + 思考 + 输出 = 解读能力

  "××不能信"经常被人们挂在嘴边:谷歌不能信、大众传媒不能信、政府不能信……问题是,如果因为不能信就将它们屏蔽不看,那么绝大多数获取信息的途径都会被隔断,你只能依赖其他途径获取信息。

  2016年4月,作为主持人和"晒图党"而活跃在多个媒体上的日本艺人GENKING(艺名,原名田中元辉,后来改名田中沙奈)做了如下发言:"谷歌的检索结果不真实,从这一点来看,Instagram(照片墙)还是个人来搞才好。"一语道破了数字营销的局限,并引发了轩然大波。GENKING要求谷歌采取搜索引擎优化(Search Engine Optimization,简称SEO)对策,并通过广告让更多人知道这件事,总之,GENKING坚持"谷歌总撒谎"。

  但是,后来,GENKING通过电视和Instagram承认自己是出于虚荣才那样做的。他还把自己不惜背着1,000万日元债务、过着伪装的名流生活这一事实公之于众。你看看,就连说"谷歌总撒谎"这句话的本人说的话都不是真实的,这样的结局让大家觉得好像在看一场吉本兴业剧团演出的喜剧。

  我们不能仅凭眼睛看到的事物做出判断,必须先弄清其背景。为此,解读能力不可或缺。拥有解读能力的人对"××不能信"这种话不会表现出否决态度,对各种各样的信息不会区别对待,而是正确面对,自己认真思考哪个可以信、哪个不能信,这样就不会轻易被认知偏见蒙蔽。

  很多数据科学家都掌握了数据解读能力,并不是因为他们对数字比较敏感,而是因为他们通过平时的工作就能让洞察能力、思考能力和推理能力得以锻炼并发挥。从结果来看,他们的解读能力(包括恰当地读取、恰当地分析、恰当地表达)也确实在不断提升。

· 为了发现问题，丰田要反复问五回为什么

数据科学家平时都做些什么工作呢？

坦率地说，就是"分析"。分析大体上分为三种类型，即**发现问题型、解决问题型和验证结果型**。可能大家难以形象地理解，我们可以先思考一下"恋人之间稍稍闹点小别扭"这个问题。

为什么要闹别扭呢？肯定会有关系不融洽的理由。**为找出那个理由进行的分析就是"发现问题"**。

例如，统计一下两人从开始交往到现在的网上聊天情况，可以发现，最近一段时间，两人的网聊次数及发送信息的文字数都出现了减少的倾向。除此之外，还可以把只靠感觉的"别扭"略微有些牵强地用已读信息（指已经收到并读取但未回复的信息，下同）的件数及回复信息的时间来表示，或许会发现，这种"别扭"无须介意，只是要点小脾气而已。

关键是要把发生的变化用数字表现出来。"这难道不是理由吗"，确立这种假设的分析就是"发现问题"。

既然问题已经明确了，思考该如何解决的分析就是"**解决问题**"。

有一种不用考虑解决问题的方法，那就是跟他（或她）分手。但如果想解决问题，就要分析解决方法。例如，设定一个刚开始交往时每天网聊的次数或发送的文字数的平均值，并将其作为今后努力的目标。考虑到已读信

息件数减少、立即答复增加，可以将其目标分别设定为每天 100 次、超过 2,000 个字。据此，再进行下一步分析，思考如何达成该目标。

关键是要把解决问题的方法用数字表现出来。"这样做应该能很好地解决了"，做出这一假设的分析就是"解决问题"。

将解决方法转移到落实上来，虽说多少要花费些时间，但必然会得出结果。看看得出的结果与预想的结果差别有多大，**对此进行回顾的分析就是"验证结果"**。

例如，通过一定的挽救措施，两人网上聊天的次数及短信的字数增加了多少、已读信息件数减少了多少、回复信息的时间缩短了多少，对这些予以确认之后，再搞清楚与当初预想的差异。出现差异并非坏事，思考为什么会出现差异才具有意义。在关系进展不顺利的时候，思考是解决方法错了，还是问题本身错了。

整个过程的关键是把预想的结果和得出的结果用数字表现出来。"是什么搞错了"，对这些进行验证的分析就是"验证结果"。

顺便提一下，刚才介绍的"只有叔叔阿姨在用 Facebook"的分析，就是对"本来什么才是问题"进行探索的分析，这类分析就属于发现问题型。

思考方法	原因	结果
发现问题	联系的次数和发送信息的文字数都减少了	无须介意，只是要点小脾气
解决问题	增加交往的次数	恢复关系
回头看解决了吗（验证结果）	即使增加了，关系也没得到改善	要想恢复关系还有无别的办法

图 1-5　分析的三种类型

在这三种类型中，最重要的分析是哪一种呢？是"发现问题"。**如果把应该解决的问题搞错了，随后展开的分析就没有任何意义了。因此，最初的发现问题非常重要。**

我经常接受有关数据分析方面的咨询，其中的大多数都属于已经发现了问题却不知道该如何解决的。但实际上，仍有很多情况是问题本身搞错了。真正亟须解决的问题很难马上就找出来，所以，丰田汽车公司严格要求员工要"反复问五回为什么"！

· 为什么会发生数据造假

请再看一下"与恋人闹点别扭"这一问题。你有没有想到，与高深的统计学和 AI 相比，"别扭程度如何用数字表现出来""寻找两人闹别扭的原因"好像更难。

数据科学家很重视"发现"这类数字和原因。为什么？**因为这是确保推导出结论的分析步骤。**

分析的目的虽然因发现问题型、解决问题型和验证结果型而各有不同，但推导出结论的分析步骤都是相同的。用图来表现，请参见图 1-6。

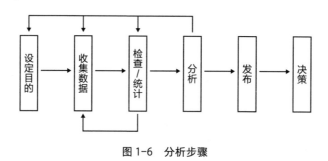

图 1-6　分析步骤

最初是**设定目的**。根据刚才介绍的分析类型，分析为什么闹别扭、怎么做才能和好如初、出现了哪些变化……决定为了搞清什么而展开分析就是设定目的。

所有分析都被"设定目的"左右。如果把方向搞错了，那么无论在多么好的时间起跑，都会因为犯规而丧失资格。如果不想浪费付出的努力，就需要在设定目的上花费更多的时间，而这对大脑的逻辑性提出了很高的要求。

接下来就是**收集数据**。要想弄清楚由设定目的而确定下来的"想了解的事情"，就要思考需要什么样的数据并着手收集。如果没有数据，就有必要从预估开始。

为了思考闹别扭的理由而将"网聊的次数"和"发送的文字数"作为闹别扭的原因，将"已读信息的件数"和"回复信息所用的时间"作为闹别扭的结果，那就要将这些数据收集好。把模棱两可的别扭程度与"已读信息件数"联系起来，对情商也提出了很高的要求。

分析并不仅仅是个人的感想，还是分解事物、找出原因，并由此寻找解决方法的思考。因此，为了不引起认识上的分歧，使用世界通用的"数字"来表现是最好不过的。所以，收集数据非常重要。

接下来是对收集来的数据进行**检查 / 统计**。收集来的数据未必都是百分之百正确的，如果把错误的数据包括在内进行分析，就很可能得出奇怪的结果。我自己也有过多次重新回到上一个步骤，甚至重新收集数据的经历。这项工作需要严肃认真地对待、脚踏实地地进行，因为检查／统计关乎数据的精度。

作为具有代表性的例子，关于酌量劳动制的数据异常值问题，在 2018 年 2 月的日本国会上作为"工作方式改革"的重点事项被受理。尽管以天或周为单位来看，加班时间为零，但以月为单位的加班时间却被清清楚楚地记录下来，很多这样的数据都被很好地保存着，所以这成了引发朝野上下关注的重大问题。

在野党和大众传媒展开了一场批判政府的大合唱，"官僚在玩揣摩游戏""政府在搞阴谋"。但在数据科学及其相关学科领域，却有很多人发出了"数据的检查工作没做好吧""没想到官僚都读不懂数据"的奚落。这件事给人们留下了很深的印象。

到这里，我们终于要着手**分析**了。

对于"设定目的"、"收集数据"和"检查／统计"三个步骤，无论是哪位数据科学家都会不惜花费大量时间。如果在这几个步骤上节省时间、敷衍了事，就很容易得出失真的分析结果，从而陷入多次返工的困境。

·为了阅读数据开展提升解读能力的训练吧

本书作为提升阅读数据所必需的解读能力的训练书籍，利用了真实的新闻报道，对相关的数据进行了如实读取。此外，本书尽量避开专业性强的内容，而是挑选大家平时也都很关心的新闻报道。

平时我们看到的新闻报道都充满了数据，因为数据具有可靠性和可信性。但是，如果认真阅读数据就能够发现，在各种媒体报道中明显地混杂着一些很奇怪的数据。

认真地读取数据，然后思考是否能够从中得出某种看法。我不敢断言自己读取数据的方法总是正确的，但如果读者能够通过本书养成这样的意识，那我会感到很荣幸。

本书采用的新闻报道共有以下 10 个主题：访日游客的增加、舆论调查的可靠性、"安倍经济学"的成果、东日本大地震后的状况、相对贫困、失业率的下降、年轻人远离 ××、全球变暖问题、减肥和恩格尔系数的上升。

这 10 个主题的数据都是政府机构公布的公开数据。所谓公开数据，是指通过官方网站等媒体任何人都可以自由收集、利用或再次传播的数据。本书开头所介绍的《关于信息通信媒体的使用时间和信息行为的调查报告》也是公开数据，就像检索"信息通信"这个词大家都能够看到相同的数据一样。

"设定目的"要求逻辑性，"收集数据"要求情感度，"检查 / 统计"要求正确性，"分析"要求具备少许的统计知识，通过这四个步骤，让我们立即开始提升解读能力的训练吧！

第2章

有多少外国人到访"被世界爱慕的国家——日本"呢

2017 年度访日的外国人创下近 3,000 万人次的历史新高

观光厅于 18 日发布消息称，2017 年度（2017 年 4 月至 2018 年 3 月）到访日本的外国游客数量与上一年度相比增加了 19.9%，达到 2,977 万人次，创下历史新高。2017 年全年（2017 年 1 月至 2017 年 12 月）访日外国游客为 2,869 万人次，与上一年相比增加了 19.3%，同样创下历史新高。从年度来看，突破 3,000 万人次已近在眼前。

安倍政府提出了在举办东京奥运会 / 残奥会的 2020 年让访日外国游客达到 4,000 万人次的目标。观光厅的田村明比古长官在 18 日会见记者时指出："正在朝着我们的目标稳步推进，我们将加速推行重要政策。"同时，他表达了政府将竭尽全力实现目标的想法。

（2018 年 4 月 18 日《每日新闻》）

· 受到全世界爱慕的日本

《想成为日本人的欧洲人》《在哈佛最受欢迎的国家——日本》《日本为什么在世界上最受欢迎》《在日本居住的英国人不再回英国的真正理由》《在英国居住之后才深信，日本比英国领先 50 年》……

这些都是我路过附近的书店时看到的图书书名。最近看到这样 "赞美日本" 的图书的机会越发多了起来，嘴损的人用 "爱国色情" 来表达他们对这一现象的看法。但不管怎么说，即使对日本的评价再高，也不过如此了。**因为到访美丽的日本的游客看起来确实增多了**，所以大街上就热闹起来了，钱就源源不断地赚到手了。

一看就知道，近几年日本的外国游客明显多起来了。顺便提一下我的老家大阪。如今那里外国人狂潮涌动，特别是在因江崎格力高的大型广告牌而出名的道顿堀心斋桥附近，即使说外国游客比日本游客还多也不过分，其中尤以韩国人最多，甚至给人造成一种这里是韩国明洞的错觉。

通天阁附近的新世界也是一样。在我的记忆中，20 多年前，那里的日常光景都是：光着上半身、喝得烂醉的中年大叔一只手拿着灌装烧酒，神志不清、嘴里不知说些什么；有人在模仿搞笑艺人中川礼二的夸张表情；逃课去看电影的我是被同学拉着去的，这点是肯定没错的。但如今，那样的光景已经发生了彻底改变。

那么,韩国人喜欢日本到底到了什么程度呢?言论 NPO(日本一家民间非营利活动法人)与东亚研究院就此共同开展了调查,调查的具体名称为"日韩两国国民对于对方国家的印象调查"。从这一共同舆论调查的结果中可以看出如图 2-1 所示的变动趋势。

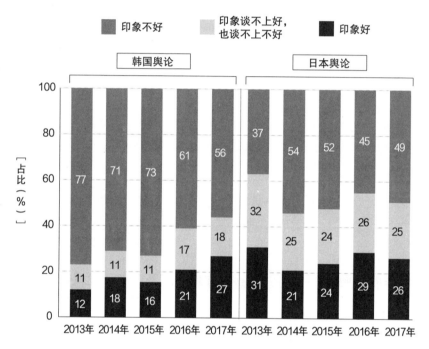

图 2-1 "第一次至第五次日韩共同舆论调查"日韩舆论比较结果
(出处:言论 NPO 及东亚研究院)

日韩双方超过一半的人都不认为自己对对方国家的印象"好"。尽管这样,对韩国拥有好印象的日本人还是一点一点地多了起来。

就连对日本没有好印象居多的韩国人中,到访日本的游客也快把道顿堀心斋桥附近挤爆了。因为爱慕日本的外国人增多了,访日外国人才会增多吗?对此,日本有关机构展开了调查。

· 到访日本的外国人明细

据日本政府观光局（JNTO）所做的调查发现，到访日本的外国人的国别明细呈现出如图 2-2 所示的变动。

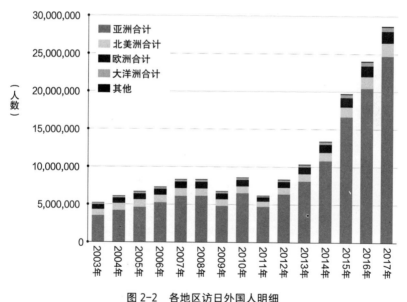

图 2-2　各地区访日外国人明细

（出处：日本政府观光局 "国别访日外国游客数"）

2003 年，日本政府开展了推进外国人访日旅游的 "访问日本宣传活动"（Visit JAPAN Campaign），提出了到 2010 年之前让访日外国人超过 1,000

万人次的目标。但是，由于此后接连受到雷曼冲击（2008 年）和东日本大地震（2011 年）的影响，一度达到 850 万人次左右的历史最高值又出现了萎缩。

直到 2012 年年末，安倍政府第二次上台之后，由于日元贬值及签证放宽，访日外国人迅猛增加，到 2017 年增加到 2,869 万人次，以迅猛的势头迫近 3,000 万大关。

按各大洲来看，访日游客其中一大半都是来自亚洲的。虽然欧洲和北美洲也有很多人喜欢日本，但其访日游客数量仅为亚洲圈的 1/10。这是怎么回事呢？亚洲圈的访日游客明细参见图 2-3：

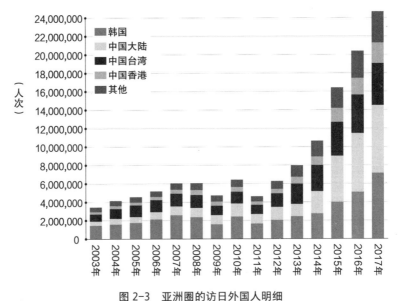

图 2-3　亚洲圈的访日外国人明细

（出处：日本政府观光局"各国家 / 地区访日外国旅客数量"）

2017 年，来自中国大陆的游客约为 735 万人次，来自韩国的约为 714 万人次，来自中国台湾的约 456 万人次，这 3 个国家或地区的访日游客数量占访日外国游客总数量的约 67%。这其中中国大陆和韩国的人大多谈不上抱

有 "喜欢日本" 的印象。

为什么看起来喜欢日本的外国人在增加，却和访日的该国人数的多少基本上没什么关系？"爱国色情" 在增加，并非因为喜欢日本的外国人增加了，而是我们日本人爱听 "赞美日本" 这种话吧。

如果按照这一理论来思考，游客最多的国家应该是世界上最受人们喜欢的国家。顺便看一下 2016 年的数据，参见图 2-4：

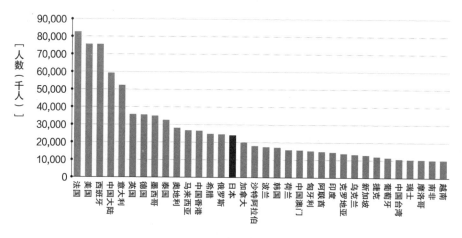

图 2-4　各国（地区）接纳海外游客数量（2016 年）

（出处：世界旅游组织 Tourism Highlights）

以 2016 年为例，居各国（地区）接纳海外游客数量第一位的是法国，第二位的是美国，第三位的是西班牙，第四位的是中国大陆，第五位的是意大利。日本排在第 15 位，在亚洲圈排在第 5 位。在日本人看来**理应在世界上最受欢迎的日本排在第 15 位**，是令人难以相信的结果吧。在我看来，排在世界第一位的经济大国、以拥有辽阔的国土和众多的旅游胜地为豪的美国却排在了法国的后面，同样令人难以相信。

为什么法国排在世界第一位，中国大陆排在亚洲圈第一位？如果探寻其理由，也许就能发现可以将日本的排名向前移的启示。

· 法国排在世界第一位、中国大陆排在亚洲圈第一位的理由

　　法国长达 30 多年吸引海外游客数量最多，是世界上屈指可数的以旅游观光为立国之本的国家之一。在法国，对游客无微不至的照顾被认为是理所当然的事情。法国的人口约为 6,700 万人，而全年到那里旅游观光的总人次多达 8,200 万。

　　看一下 8,200 万人次的明细，其结果参见图 2-5：

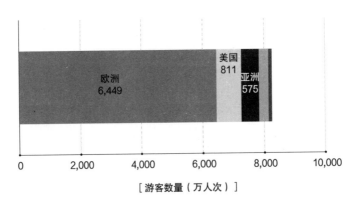

[游客数量（万人次）]

图 2-5　到访法国的各国（地区）游客数（2016 年）
（出处：法国经济 / 财政部企业总局）

　　约 80% 到法国的海外游客都来自欧洲圈内。其中，来自德国的有 1,291

万人次,来自比利时 / 卢森堡的有 1,066 万人次,来自意大利的有 736 万人次,来自瑞士的有 648 万人次,来自西班牙的有 593 万人次,可以得知,仅来自与法国国境相邻的国家的游客就有 4,334 万人次。

看一下海外游客到法国旅游时所使用的交通工具,乘坐(驾驶)汽车的占 53.4%、乘坐飞机的占 32.9%、乘坐客轮的占 7.8%、乘坐列车的占 5.9%,大多数海外游客的法国之游都是利用陆上交通工具就能到达的轻松之旅,就相当于日本人两天一宿的国内之旅。游客的住宿天数参见图 2-6:

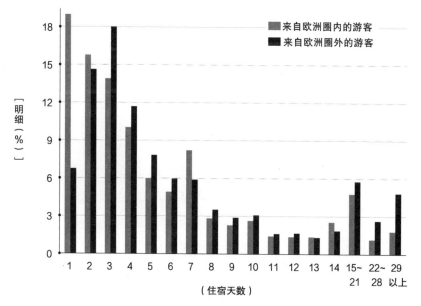

图 2-6 来自欧洲圈内 / 圈外的游客住宿天数(2016 年)
(出处: 法国经济 / 财政部企业总局)

可以看出,到法国短期逗留的游客占了一大半。对欧洲圈内的游客来说,法国是近处的旅游地。**就相当于从日本关东地区到热海或者那须盐原,从关西地区到南纪白滨那样的地方。**

实际来看,通过世界旅游组织的调查可以得知,前往海外旅游的人约有

4/5 都是在其居住地区附近进行的。也就是说,"距离"是旅游产业发展的重要因素。

例如,在欧洲居住的人,打算去海外旅游的人中约有 4/5 选择到欧洲圈内旅游,剩下的那 1/5 才选择到圈外旅游。换言之,**欧洲圈内的国家的旅游人数多**,对圈内旅游产业的发展起到了有利的促进作用。那么,各区域内分别有多少总人口呢?粗略来看,如表 2-1 所示:

表 2-1　区域内总人口和区域内吸纳游客人数(2016 年)

	亚洲	欧洲	非洲	美洲
吸纳游客人数	约 3 亿人	约 6 亿人	约 0.6 亿人	约 2 亿人
总人口	约 44 亿人	约 7 亿人	约 12 亿人	约 10 亿人

(出处:世界旅游组织)

全世界的总人口约有一半集中在亚洲。由此可知,旅游发展潜力大的地方是亚洲。不过,大家对此应该有个清楚的了解:这里的**多数人只赚取着微薄的收入,不要说海外旅游,就连国内旅游也不能随心所欲**。亚洲各国的经济正以迅猛的势头向前发展,像欧洲那样的圈内旅游早晚会到来。不过从表 2-1 的数字来看,要想实现这个愿望还任重道远。

顺便看一下到访日本的游客与距离的关系吧。把来自某个国家的访日外国游客数量与从那个国家到日本的距离(中心地点)的关系用散点图来看一下(参见图 2-7)。

离日本近、人口多且拥有去海外旅游财力的韩国、中国大陆、中国台湾和中国香港等到访日本的游客量多是理所当然的。可以说,也许日本是处于很好的地理位置上了。

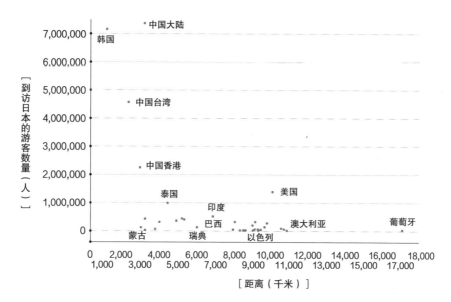

图 2-7　与日本的距离和到访日本的游客数量

（出处：日本政府观光局" 各国 / 地区到访日本游客数"）

那么，吸纳游客数量居亚洲圈第一位的中国大陆是否要比日本早推行了以旅游观光为立国之本的政策呢？与法国一样，我们也把到中国大陆的海外游客的明细用图 2-8 所示的方式来看看吧。

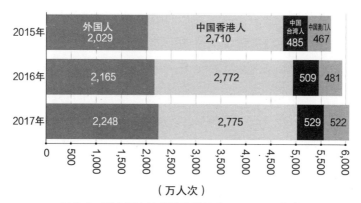

图 2-8　到中国大陆的游客明细（2015~2017 年）

（出处：中华人民共和国文化和旅游部）

由图 2-8 可以看出，**中国大陆吸纳的游客总数中约有 70% 是国内的香港居民、台湾居民和澳门居民**，来自韩国及日本等国外的游客数量约为 2,200 万人次，这个数字低于日本吸纳的国外游客数量。虽然中国拥有辽阔的国土和丰富的旅游资源，但目前来看也许还是国内旅游的需求更大一些。

· 为什么国家要大力发展旅游产业呢

日本政府为什么要以"访问日本宣传活动"为契机开始大力发展旅游产业呢？是为了让日本成为受世界喜爱的国家吗？

虽然也有这个理由，但**最重要的理由还是为了赚钱**。旅游产业为成长产业，作为推进世界各国经济增长的拉动力备受瞩目。大家都有这样的经历，如果到了旅游地，几乎都要购买当地"特意为游客准备"的特产、吃当地的美食。游客越多，越能发挥巨大的经济效益。

根据世界旅游组织提供的数据，2016 年，约占全世界 GDP 3.0% 的 2.3 万亿美元是旅游产业做出的直接贡献（住宿等直接贡献的金额），约占全世界 GDP 10.2% 的 7.6 万亿美元是旅游产业做出的间接贡献（从旅游产业派生出来的相关产业贡献的金额）。顺便看一下日本，其直接贡献约占国内 GDP 的 2.4%，为 12 万亿日元，间接贡献约占国内 GDP 的 7.4%，为 33 万亿日元，而且**还有巨大增长空间**。

在这里被视为重要指标的是"国际旅游收入"，是指游客对住宿、餐饮、娱乐、购物，以及其他货物和服务的支出。这个金额越大，越被视为 "从国外游客那里赚到了钱的国家"。2016 年的相关情况参见图 2-9。

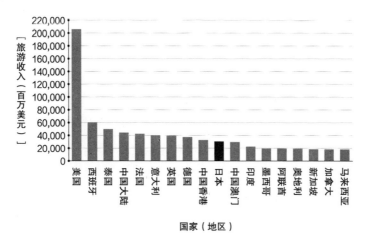

图 2-9　一年吸纳海外游客 1,000 万人次以上的国家（地区）的国际旅游收入（2016 年）
（出处：世界旅游组织）

赚得最多的是美国，被远远甩在后面的依次是西班牙、泰国、中国大陆和法国。让人感到意外的一点是，**法国虽然吸纳海外游客很多，但在国际旅游收入方面却败在了西班牙手里。**

用国际旅游收入除以游客数量，就可以计算出平均每位游客创造了多少旅游收入。既有花费 1 万美元的人，也有花费 10 美元的人，这些人混在一起，充其量是个大概的金额。

从图 2-10 中可以很清楚地看出，换算成人均后，法国、西班牙和中国大陆的金额较少。这大概是因为游客大多来自其附近的国家和地区，花不了太多的钱。法国政府也认为 "至少要超过西班牙"，以法国外交和国际发展部的部长为首，他们正在为此推行 40 多个方案。

这样看来，**仅游客数量增加未必就好。**如果游客增加是因为距离很近，游客可以轻松到达，那么他们花在当地的钱就会变得很少。同样道理，住在关东地区的人到箱根与到冲绳或北海道，花在旅游上的钱肯定不一样多。

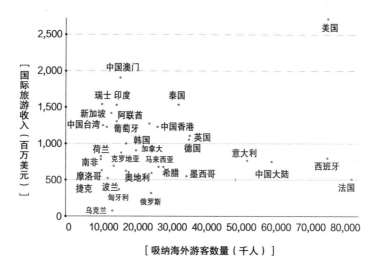

图 2-10　一年吸纳 1,000 万人次以上的国家（地区）的海外游客数量 × 人均国际旅游收入（2016 年）
（出处：世界旅游组织）

反正外国人已经到日本来旅游了，接下来就是希望他们在这里花掉更多
的钱。那么，该怎么办才好呢？

·每一个都、道、府、县都非常关键

首先来看旅游支出的明细。主要国家和地区的游客在日本的平均旅游支
出参见图 2-11：

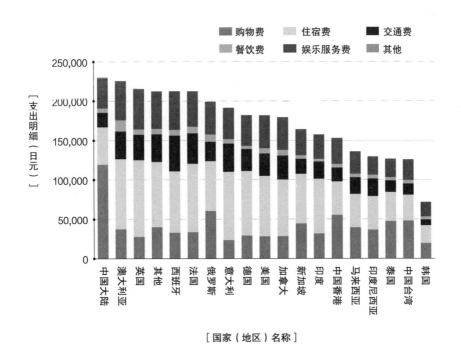

图 2-11　主要国家(地区)在日本旅游支出明细(2016 年)
(出处:日本观光厅《2016 年度旅游状况及 2016 年年度报告》)

在日本花钱总额最多的是来自中国大陆的游客,但看一下明细就会发现,其购物费多得异常,也就是所谓的"爆买"。

根据除掉购物费的旅游花费总额与各个国家(地区)的平均住宿天数做成的散点图,如图 2-12 所示。

看一下图 2-12 就清楚了,**如果去掉俄罗斯和印度,散点图就会呈现出很好看的向右上方倾斜的比例关系。**离日本越近,平均住宿天数就越少,这与世界旅游组织的调查结论基本一致。粗略计算一下,平均住宿天数每增加 1 天,旅游支出就增加 1 万日元。

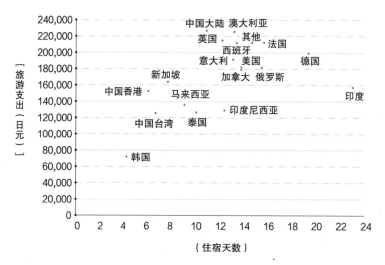

图 2-12　平均住宿天数 × 旅游支出（不包括购物费）（2016 年）

（出处：日本观光厅《2016 年度旅游状况及 2016 年年度报告》）

一并来看一下这些国家（地区）游客的平均住宿天数和旅游支出明细的相关系数（参见表 2-2）。

表 2-2　旅游支出的明细与平均住宿天数的相关系数（2016 年）

	住宿费	餐饮费	交通费	娱乐服务费	购物费	其他	平均住宿天数
住宿费	1.00						
餐饮费	0.89	1.00					
交通费	0.87	0.86	1.00				
娱乐服务费	0.55	0.70	0.60	1.00			
购物费	−0.31	−0.03	−0.30	0.00	1.00		
其他	−0.12	0.09	−0.09	−0.02	0.65	1.00	
平均住宿天数	0.61	0.46	0.52	0.29	−0.10	−0.10	1.00

（出处：日本观光厅《2016 年度旅游状况及 2016 年年度报告》）

相关系数是指两个数值的相关性。如果一个数值的变化导致另一个数值出现同样的变化，两个数值的相关系数就接近于 ±1。反过来，如果一个数值发生了变化而另一个数值没有出现变化，其相关系数就接近于 0。我们可理解为，相关系数越接近 ±1，越表明两个数值有着某种关系。

平均住宿天数与住宿费、交通费和餐饮费有着联动关系，但与娱乐服务费基本没有什么关系，与购物费几乎完全没有关系。由此可以得知，到日本旅游必要的最低限度的吃住费用与平均住宿天数具有联动关系，但是，娱乐费和购物费增长空间有限。

因此，**要想让海外游客在日本花掉更多的钱，可以考虑把平均住宿天数增加 1 天，或者增加娱乐服务费及购物费**等选项。

顺便提一下，日本观光厅对 40,213 名访日海外游客开展了"去了哪个都、道、府、县"的问卷调查，得到了如图 2-13 所示的结果：

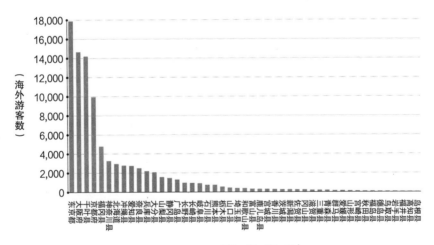

图 2-13　各都、道、府、县海外游客到访数量（2017 年）

（出处：日本观光厅《访日外国人消费动向调查》）

由图 2-13 可知，吸纳海外游客占绝对多数的是东京、大阪府和千叶县。千叶县排在东京和大阪府的后面让人感到有点奇怪。

既让人感到意外又在情理之中的是，并不拥有国际航线机场的京都府排在第四位。这大概是因为去了大阪的游客之后又到京都府、奈良县和兵库县散步去了吧。

这样看来，还有很多旅游目的地都集中在特定的区域。如果以拥有国际机场的东京、大阪和爱知为中心来思考，那么关东北部、岐阜、长野和四国这些地方理应还会有更多的海外游客到访。**为了增加来自海外游客的收入，我认为让他（她）们到附近各地去转转是非常重要的。**观光厅可以开展加一宿或者多去一个相邻的县可享有优惠的宣传活动，看看效果如何。

本章总结

　　无论世界各国人民多么爱慕日本，这与他们是否到日本旅游是两码事。从实际情况来看，来自近邻国家的游客最多。

　　世界各国（地区）都把旅游视为重要产业予以推进，但还不知日本能否跟上这一潮流。最近我到越南和俄罗斯去旅游了，发现无论哪个国家都有很多非常友好的人，与其相处都是其乐融融的。在国外旅游时，站在电车的自动售票机旁，我们是不是都有被左来右往的外国人友好地搭话"你要去哪里"的经历呢？

　　东京和大阪并不是整个日本，希望到了日本的外国朋友再到日本其他各地转转，在加深对日本的喜爱之后再回国。

第 3 章

为什么支持率在网络和大众传媒上有着如此大的差别

《朝日新闻》是捏造、错误、失真的大会演

日本维新会的众议院议员足立康史在 30 日的众议院宪法审查会上，谈到安全保障相关法案及森友、加计学园问题时指出："大众媒体总是报道失真，尤其是《朝日新闻》，更是捏造、错误、失真的大会演。"

在日本进行修改宪法的国民投票时，这是他所作的关于信息公开的发言，表达了他的一贯主张，即"是整治媒体还是让它的可信度降到与欧美媒体相并列的程度，直接关系到如何为国民投票开展必要的环境建设"。

（2017 年 11 月 30 日《产经新闻》）

《每日新闻》舆论调查：内阁支持率反弹形势严峻，本月徘徊的自民党支持率缓慢回升

《每日新闻》于 26 日和 27 日两天开展的全国舆论调查显示，民众对安倍内阁的支持率为 31%，不支持率为 48%。自 4 月份的调查以来，这两个数字几乎都处于徘徊状态。在各大报社 5 月份所开展的调查中，有的也得出了支持率反弹的结果，执政党方面做出了"下跌止住了"的放心姿态。不过，如果仔细分析就会看出，不支持率超过支持率的现状依然没有改变。

（2018 年 5 月 28 日《每日新闻》）

· 网络和报纸，背离的支持率

DWANGO 公司每月定期开展的网络舆情调查显示，2018 年 6 月，安倍内阁的支持率超过了 50%，并且自 2015 年 1 月开展此项调查以来从来没有低过 40%，近一年来还出现了上升趋势。如图 3-1 所示：

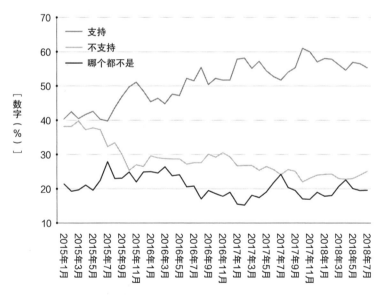

图 3-1　每月网络舆情调查，内阁支持率的变动（2015 年 1 月~2018 年 7 月）

（出处：DWANGO 公司"面带微笑问卷调查"）

另一方面，《每日新闻》于 2018 年 5 月 26 日和 27 日开展的舆情调查显示，内阁支持率为 31%。将两者进行对比，出现了 20% 的背离。

安倍内阁第二次成立以后，《每日新闻》的舆情调查呈现出如图 3-2 所示的变动，与图 3-1 的变动相比较，就可以清楚地知道，这种背离并非 5 月份才开始。

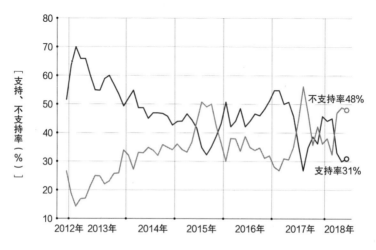

图 3-2　安倍内阁的支持率 / 不支持率的变动
（出处:《每日新闻》社 "舆情调查"）

不仅限于 DWANGO 公司的 "面带微笑问卷调查"，所有网络上的舆情调查结果都显示了安倍内阁的高支持率。为什么网络和报纸舆情调查的结果背离到如此大的程度呢？

说起来，舆情调查也可以认为是大众传媒应该发挥的作用之一，但是，最近谁都可以开展 "舆情" 调查了。为什么这样说呢？因为我们平时使用的 Twitter 和 Facebook 都设置了问卷调查功能，谁都可以轻松地汇集 "声音" 了。换言之，此前只有大众传媒才能听到的 "声音"，如今可以说谁都能够简单轻松地汇集了。

对大众传媒抱着怀疑态度的人们在听到使用 Twitter 和 Facebook 得到了与大众传媒的调查结果完全不同的"声音"之后,其怀疑越发加深。从某种意义上来说,这也许是理所当然的。

正是这一缘故,有人认为,舆情调查出现背离是**因为报纸和电视等大众传媒出现了失真**。也有人认为,**网络上无论出现多么严重的非法投票都是有可能的**。无论是支持政府派还是不支持政府派,都摆出了不容怀疑的共同姿态:自己相信的数字才是绝对正确的,除此之外的数字都被认为错误的。这难道不也是一种宗教吗?

例如,即使是关于国家政治大事,有些政治家也利用 Twitter 的问卷调查功能,把媒体不能传达的国民的"声音"直接报送国政。2018 年 4 月 25 日,在厚生劳动委员会上,日本维新会浦野靖人议员发布了以下 Twitter 问卷调查结果(见图 3-3),并以这一结果为依据做了发言:"我希望大家都带着自信继续进行国会审议。"这引发了人们的广泛谈论。

(15283 票,最终结果)

逃避国会审议直到麻生大臣辞职是理所应当的	6%
那件事与这件事应该分开,审议法案乃国会议员的职责所在	94%

图 3-3　日本维新会浦野靖人议员发布了以上的 Twitter 问卷调查结果
(出处:浦野靖人的 Twitter)

网络与大众传媒的舆情调查结果竟然存在着如此巨大的差别,是何原因呢?

· 收集数据必须遵循规则

　　深受阪神队的狂热粉丝欢迎的"热血！虎之队党"（SUN-TV）为了开展"向 1,000 名棒球迷发问！你喜欢的球队／你不喜欢的球队"的调查，在举办阪神队与巨人队的对抗赛时，以坐在甲子园球场一垒的阿尔卑斯看台上的 1,000 名观众为调查对象，以"自出生以来一直声援的、最喜欢的球队是哪个""最令人讨厌的竞争对手的富豪球队是哪个"这两个问题分别开展了调查。

　　即使不用看调查结果也会知道，100% 的人回答"最喜欢的球队"是阪神，100% 的人回答"最讨厌的球队"是巨人。原因显而易见。

　　首先，**调查场所不对**。调查场所是在阪神与巨人展开对决的甲子园球场（甲子园球场全称为"阪神甲子园球场"），并且是在只有阪神球迷才能坐的一垒的阿尔卑斯看台。如果在此有人回答喜欢的球队是"巨人"，最后他肯定不能"活着"走出球场。无论问 1,000 个人还是问 2,000 个人，结果理应没什么两样。

　　其次，**提问方法不对**。这很明显是诱导式提问，就是想让人说出是阪神还是巨人。后者用"富豪球队"来表达，虽然并非没有回答"软银"的可能性，但还用"竞争对手"来表达，那无疑就是"巨人"了。

　　此外，**提问者的来路也不对**。"热血！虎之队党"什么的，无论怎样想都是阪神球迷开展的调查，让别人来回答，即使回答者不是球迷，仅凭该节目组工作人员的奉献精神，几乎所有人也都会回答"喜欢阪神"。

例如，在由在野党的政治家举办的集会上，如果问是否支持现在的政府，无论在哪个场所开展调查，都会毫无例外地得到低支持率的结果。这是因为支持执政党的人很少参加在野党的集会。

就像这样，要想开展调查，必须想好各种各样的注意事项。提问的场所、提问的方法和提问者的来路，这些都有可能导致调查结果的失真。避免调查结果失真是必须要引起高度重视的大原则，没能做到这一点的数据，就不值得相信，因为那可以说是已经**被歪曲了的数据**。

网络与报纸、电视等大众传媒的舆情调查结果出现如此大的差别，难道不就是因为没能避免这种失真吗？

· 即使不喝光大酱汤也能品尝出其味道

在开展舆情调查时，大众传媒要在日本的所有选民中抽取作为其缩影的回答者，我们把前者称为"总体"，把后者称为"样本"。这是因为不可能做到对所有选民进行调查，所以要从总体中抽取一部分作为样本，对这部分人提问。

不问全体人员，只问部分人员的方法恰当吗？ 经常被当作例子来使用的就是"品尝大酱汤的味道"。这个例子来源于单口相声艺术家立川志之辅师傅与数学家秋山仁先生之间的一段对话。

师傅："开票率仅 5% 就确认当选实在让人搞不懂。"

先生："那是统计学啊。"

师傅："奇怪啊，开票率才 5%，就能确认当选?"

先生："早餐做了一大锅大酱汤，想品尝一下味道，你是用大锅喝吗?"

师傅："用小碟喝。"

先生："那就是 5% 啊。"

请把大锅想象成总体，把小碟想象成样本。

当然，大酱汤一直放置下去的话，酱和汤会分开，大酱会沉底。因此，细心地搅拌，然后从大锅中舀出带有大酱的酱汤才会和整锅的酱汤保持相同的浓度。用小碟喝酱汤，就能得出"好喝""浓度低了""浓度高了"的结论。

统计学经常用总体比例和样本比例来思考问题。总体比例是指"对全国的所有选民（总体）进行调查得出的内阁支持率"；样本比例是指"对总体的缩影（样本）进行调查得出的内阁支持率"。通常情况下，所有的舆情调查都采用样本比例。如图 3-4 所示：

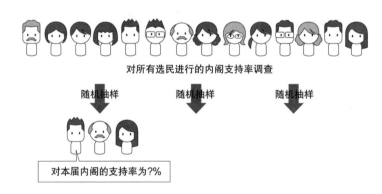

对所有选民进行的内阁支持率调查

随机抽样　　　　随机抽样　　　　随机抽样

对本届内阁的支持率为?%

图 3-4　总体和样本的影像

假设样本比例为 30%，总体比例未必也是 30%。以 95% 的概率计算，

$$30\% \pm 1.96 \times \text{总体标准差} \sqrt{\text{样本比例} \times (1-\text{样本比例}) \div \text{样本数量}}$$，可用这一公

式求出总体比例所在的范围区间。

如果你认为数学公式很难，对其很不擅长，请了解下面三件事：

1. **总体比例是样本比例的上下百分之几。**假设样本比例为 30%，总体比例就是 26.8%~33.2%。

2. **样本数量越多，上下百分之几的幅度就越窄。**假设样本数量为 500 人，上下幅度就约为 ±4.02%；1,000 人就约为 ±2.84%；5,000 人就收窄到约 ±1.27%。

3. 虽然是 95% 的概率，但关键是样本比例以 5% 的概率偏离总体比例的可能性。无论以同样的方法进行多少次随机抽样，支持率的调查结果始终为上下百分之几的概率都为 95%，换言之，就是都有 5% 的偏离可能性。

· 从总体中抽取样本的规则

虽然刚才打比方说对大酱汤进行简单的搅拌即可，但实际上样本的抽取很复杂，有着各种各样的详细规则。

首先，**从总体中抽取样本必须是随机的**，不能有意只舀出大酱汤上面澄清的部分就得出"味道太淡了"的结论。如果样本取偏了，即使从样本比例求出总体比例，也极有可能得到失真的结果。

NHK（日本放送协会）开展舆情调查时，根据统计学理论，采取"分层随机两步骤抽取法"，先把全国分成几大块，再将各市、区、町、村按照规模和各产业就业人口占比进行排序，并且根据各大块的人口数量按比例抽取调查地点，然后从抽出的调查地点的市、区、町、村居民基本台账（流水账）中，以相同间距抽取一定数量的调查对象。

关键是经过上述极其烦琐的作业，要**确保抽样的随机性（不能有意抽取某一层次的某块）**。

调查既可以采取访问的方式，也可以采取打电话的方式。在打电话的情况下，常采用一种被称为 RDD（Random Digit Dialing，随机数字拨号）的方法，即对数字进行随机排列组合得到号码，再打电话调查。《朝日新闻》等媒体不仅打固定电话，还要拨打手机号码调查对象，并且不只在平时的工作时间打，在休息日也打电话，如果白天没有联系上，等到晚上会再打一次。

其次，关于提问，**各家媒体也存在着微妙的差别。**如图 3-5 所示。例如，《日本经济新闻》开展的舆情调查，在提问是否支持内阁时，对没有回答是支持还是不支持的人，还要重复提问"与你的心理接受程度更接近的是哪个选项"。这样一来，"不清楚"等不表明态度的比例就会大大降低。

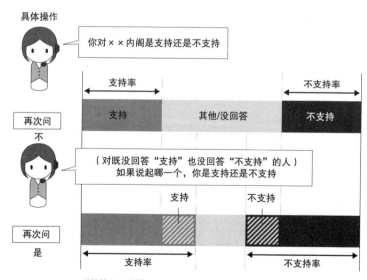

图 3-5　因提问方法不同而发生变化的支持率

《每日新闻》准备了"支持""不支持""不关心"三个选项进行提问，所以，与《日本经济新闻》的调查结果相比，在变动趋势方面两者会有很大的不同。

因为提问方法的不同，对于各家人众传媒的舆情调查结果，比较支持率的高低并没有意义，各自的**支持率变动才有意义**。

提问场所和提问方法都会对结果产生影响。照此推理，日本维新会浦野靖人议员利用 Twitter 进行的问卷调查，可以说是避免了失真吗？从调查研究行业发出的强烈批评的声音不断高涨，但那些声音如果能够传到浦野靖人议员的耳朵里就好了。

至于"面带微笑问卷调查"，它是一种想回答的人才能给出回答的问卷设计，所以，很难说它达到了舆情调查要求的避免失真的那种程度。

不过，大众传媒采用的那些方法也并非十全十美，就拿 RDD 来看也有其不足之处。

如果不说出大众传媒的缺点，Twitter 上也许天天会有人冒出来抓住这一点不放，说出"松本竟敢不触及这个缺点！"的话来。

不过，正因为这样，我才要反过来问，**一点点失真也没有，真正做到了精密细致的舆情调查在哪里呢？**做到那种程度的调查在哪里也找不到，但为了尽量收集公平公正的数据，大家也都为此煞费苦心。这就是舆情调查的实际情况。

与"面带微笑问卷调查"及 Twitter 随意提问得到的支持率相比，各家大众传媒的支持率经过了统计上的处理，可以认为是比较接近"真正的精密细致的数字"了。

·开票率为 0 即可让其当选

在众议院和参议院两院选举时，各家大众传媒公司从投票截止的 8 点开始就播放选举特别报道。经常看到的场景是，刚到晚上 8 点，它们就开始给出获得议席的预测数字，并播出"执政党获得压倒性胜利"或者"执政党遭到惨败"的报道。

更有甚者，开票率还是 0 时，就有已经当选的候选人出现了。用刚才的"大酱汤"的例子来比喻，这意味着还没有喝就已经知道大锅里的酱汤的味道了，网络上就有些人开始吵吵闹闹地高喊"这是一场非法选举"。投票结果尚未公开，他们是怎么知道的呢？

其实理由很简单，根据开票之前所做的形势调查，哪个地区、哪个政党、哪位候选人能够当选，大体上就能够得知了。而且，他们在投票日还开展了"出口调查"（在投票站的出口针对选民的态度所做的调查）。虽然直到开票，还不知道大锅里的味道，但是**可以向制作大酱汤的人打听，对制作大酱汤的当地人的想法做事前调查**，这样，**即使没有品尝大酱汤也可推测出它的味道来**。不过，即使这样，对形势做出了误判，事前调查的结果与实际不同的例子也非常之多。比如，围绕大阪都（第二首都）构想而开展的当地居民投票，围绕英国脱欧而开展的英国全民公投，对特朗普能否当选的调查……这几件事的事前预测分别是：赞成大阪都构想的人获胜，希望英国留在欧盟的人获胜，希拉里获胜，但结果都完全相反。

主要原因包括以下两点：一是，从投票形势来看，双方过于势力均衡，不到最后就不会清楚哪方会获胜；二是，出口调查也有可能得到与实际投票完全相反的回答，他们真实的想法（做法）是反对，但在媒体面前又想摆出赞成的样子。因此，选举的结果是什么，真的很难提前搞清楚。

· 用数据验证非法选举 / 阴谋论

虽说如此，但在日本，确实有些人对"按照政治家的指示搞非法选举"深信不疑。受到这些人猛烈抨击的一个人，就是尽管在 2017 年已被《周刊文春》揭露了老底，但又在随后的日本第 48 届众议院议员选举中当选了的爱知 7 区的山尾志樱里（立宪民主党）。

"爱知 7 区的无效投票数超过 1 万张，明显让人感到奇怪。"这类抗议电话不断地打到选举管理委员会那里。

无效票确实有 1 万张那么多，而且，他与另外一位候选人铃木的得票之差仅为 834 票（参见图 3-6）。假如无效票的 10% 被铃木得到，那结果说不定就是铃木当选了。

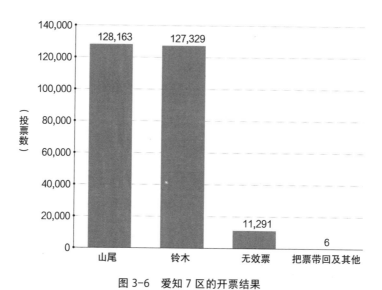

图 3-6　爱知 7 区的开票结果

（出处：日本选举管理委员会 "第 48 届众议院议员选举"）

当然，那种可能性为 0，距离阴谋论还差得很远。

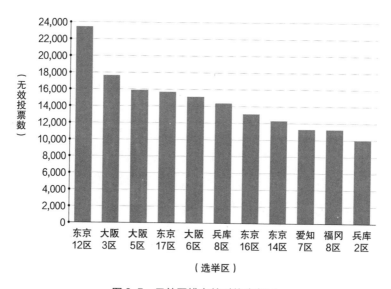

图 3-7　无效票排在前列的选举区

（出处：日本选举管理委员会 "第 48 届众议院议员选举"）

在第 48 届众议院议员选举中，全国 289 个选区无效票超过 1 万张的有 11 个（参见图 3-7），特别是东京 12 区，无效票更是多达 23,453 张。为什么东京 12 区等其他选举区没有受到批判，爱知 7 区却被批判了呢？从逻辑推理来看，这也让人感到费解。

无效票是指虽然到了选举会场却写了候选人之外的名字的投票。我也曾经在 2014 年关乎大阪都构想的大阪市长选举时，出于抗议的考虑写下了自己的名字，结果肯定是被当作无效票处理了。

特意到了选举地点却投了无效票，大概是要表达"对自己所属的选举区提出抗议"的意思吧。那么，看一下无效票占整个得票数的比例情况，如图 3-8 所示：

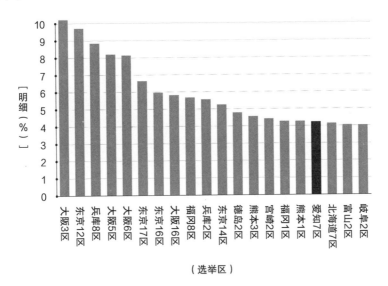

图 3-8 无效票占得票总数的比例
（出处：日本第 48 届众议院议员选举）

爱知 7 区的无效票约占 4.23%，由高到低排在第 17 位。日本全国 289 个选区的投票平均数为 2.68%，虽然爱知 7 区的无效票占比超过了全国投票平均数，的确比较多，但是从图 3-8 来看，比爱知 7 区情况更为严重的选区还有很多。

顺便提一下，在日本第 48 届众议院议员选举中，只要无效票中有部分改写为竞争候选人的名字，选举结果就会改变，这样的选区包括爱知 7 区在内共有 22 个，**数目虽少但也不是稀奇的现象。**

位居前两位的候选人的得票数之差比爱知 7 区还要少的选区有 3 个，即新潟 3 区（相差 50 票）、埼玉 12 区（相差 492 票）和静冈 6 区（相差 631 票）。这三个选区的抗议声可以视而不见吗？这个问题的答案是，**这是看完全部结果才能注意到的数字。**

|ıı|||ıı 本 章 总 结

　　有些人一旦看到自己意料之外的数字，不在心里画个问号，就盲目地认为这是一场阴谋；也有些人只被自己想相信的数字吸引，歪曲事物的本来面目。在这种情况下，最好俯瞰一下整体情况。不要进行绝对比较，而要与整体数字进行相对比较，确认这是不是频繁出现的现象，最重要的是做一下深呼吸。

　　不过，最好的是，安倍政府确实要做出一番成绩来，爱知 7 区的朋友们也应该通过政治活动来对山尾做出评价，也就是说，他需要做出不给人们创造找碴儿理由的成绩来。

第4章

从结果来看，"安倍经济学"使景气好转了吗

景气虽然有所好转，但仍未摆脱通货紧缩

……但是，与企业业绩稳步回升相反，个人消费持续低迷。这是因为，大企业员工的工资虽在慢慢上涨，但对占全部企业九成的中小企业的员工，以及占全部从业人员四成的非正式员工来说，他们工资的上涨速度依然十分迟缓。

（2017 年 12 月 26 日《每日新闻》）

要推进与长期政策相符的结构改革

……在经济前景已经看到少许亮光的现在，正应该站在长期的视角积极开展改革，走上持续成长和财政稳健化之路……首相上任以来，在经济政策方面通过"安倍经济学"射出的金融宽松、财政发力、成长战略三支箭，的确促使了景气回升，持续时间已经达到第二次世界大战结束以来的第二长度。虽然消费物价上涨率没能达到 2% 的目标，但政府所做的"创造出了并非物价持续下跌的通货紧缩的局面"的说明自有一番道理。

（2017 年 12 月 25 日《日本经济新闻》）

· "安倍经济学"真的那么厉害吗

对日本来说，2012 年是深受通货紧缩和景气低迷之苦的一年。那一年
12 月成立的第二次安倍内阁提出的一系列经济政策被称为"安倍经济学"。
即使你不清楚具体内容，理应也听过"安倍经济学"这个词。

自从"安倍经济学"推行以来，日本的经济指标出现了怎样的变化？景
气好转到什么程度？经济指标是指把与经济有关联的事项数值化，使其成为
统计数据。对这些数据展开调查，将安倍刚上任时的状况与现在的状态进行
比较，就可以看出这些指标都在好转（参见表 4–1）。

表 4-1　近 5 年经济指标的变化

	安倍政府成立时 （2012 年 12 月 26 日）	5 年后 （2017 年 12 月 25 日）
实际 GDP 增长率	0.9%（2012 年第四季度）	2.5%（2017 年第三季度）
名义 GDP	493 万亿日元（2012 年第四季度）	549 万亿日元（2017 年第三季度）
日经平均股价	10,230.36 日元	22,939.18 日元
日元汇率（日元 / 美元）	85.36	113.24
有效招聘人数与求职人数的比率	0.83 倍（2012 年 12 月）	1.55 倍（2017 年 10 月）

续表

	安倍政府成立时 （2012 年 12 月 26 日）	5 年后 （2017 年 12 月 25 日）
消费支出（与上一年同月相比）	-0.7%（2012 年 12 月）	0.0%（2017 年 10 月）
居民消费价格指数（不包括生鲜食品的综合指数，与上一年同月相比）	-0.2%（2012 年 12 月）	0.8%（2017 年 10 月）

（出处：2017 年 12 月 26 日《每日新闻》）

5 年后与 2012 年相比，哪个时候的景气更好？如果对此展开街头随机调查，我相信有一大半的人都会回答"是现在吧"。

不过，如果要问：所有人都给"安倍经济学"做出了好评吗？那也绝非如此。浏览一下各种报纸，就可以清楚地看出大体上出现了两种倾向：一种是，只有一部分人认为景气已经好转，并要求在"安倍经济学"的副作用开始出现前必须做点什么；另外一种是，现在的景气已经好转，必须开展根本性的结构改革。

也就是说，有如下两种看法：一是，即使说"景气已经好转"，那也只是一部分人的观点；二是，趁着景气好转的现在赶快推行伴随着"痛苦"的改革。所以，对"景气已经好转"的解释因人而异。

那么，究竟哪种看法正确呢？为什么对"景气已经好转"的解释因人而异呢？

· 所谓"景气好"是指什么

据说"景气"是日本中世时的人批评和歌（日本诗歌）时开始使用的一个词，是指表达内容之外所包含的景色及氛围等。

不久之后，它就作为经济用语被人们使用了，**指买卖和交易等经济活动的整体动向，以及人们看到的经济氛围**。大家如果有机会到我的老家大阪，并与地道的大阪人闲聊，请务必问一句："发财了吧?"如果得到"还凑合吧"的回答，就说明景气在好转；如果得到"不好，糟糕"的回答，就说明景气在恶化。

不过，政府在开展经济运营的时候，说什么也不能用"还凑合吧""糟糕"来作为判断，必须落实到数字上。为此，政府经常使用 GDP 和 **GDP 增长率**这些指标。

所谓 GDP，是指在国内生产的货物和提供的服务的附加价值的总额，也可以说是在国内使用的钱的总额。它按照联合国做出的统一要求进行计算，所以基本上不会出现因国家不同而数字意义不同的情况。因此，可以说**它是全世界都在使用的、为了衡量国家经济规模的指标**。看到某国的 GDP，就清楚了那个国家的经济规模。

一般来说，一个国家的经济是否在增长，由其 GDP 是否在增加来决定。与一年前相比，GDP 增加的那部分才是经济增长的证据。一般来说，CDP

的增长程度是用今年的 GDP 与去年相比增加的部分，除以去年的 GDP 得出的百分比来评估，即 GDP 增长率，用来表示经济增长率。如果经济增长率为正数，也许就可以说"景气好"。

· 名义 GDP 与实际 GDP 的区别

顺便提一下，GDP 有名义 GDP 和实际 GDP 之分。

简单来说，两者的区别就在于是否包括物价变动的影响。这里粗略地举例解释一下。请想象一下，在某家咖啡馆，每天卖出了 100 杯 100 日元 / 杯的咖啡，如果该咖啡馆的经营者做出了"材料费上涨，不涨价的话，生意就没法做了"的判断，第二天提价到 110 日元 / 杯，假设同样卖出了 100 杯。

如果按照名义 GDP 来考虑，100 日元 / 杯 ×100 杯的结果是 10,000 日元，第二天的 110 日元 / 杯 ×100 杯是 11,000 日元，出现了 1,000 日元的增长。如果按照实际 GDP 来考虑，每杯增加的那 10 日元属于物价上涨部分，不进行计算，那么两天都是 100 日元 / 杯 ×100 杯，得到 10,000 日元。

也就是说，名义 GDP 包含物价变动的那一部分，难以把握经济的增长程度。为此，一般情况下，**要想衡量国家的经济增长，实际 GDP 更受重视**。在计算经济增长率的时候，多数情况下都是使用实际 GDP。

顺便提一下，日本的实际 GDP 从 1994 年到 2017 年呈现出如图 4–1 所示的变动：

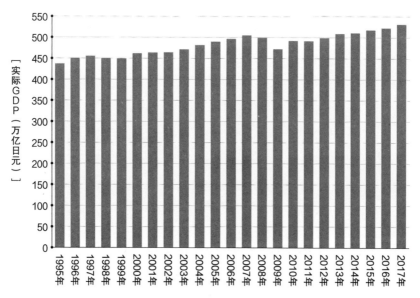

图 4-1　1994~2017 年的实际 GDP（2008 年 SNA · 2011 年联动价格）
（出处：日本内阁府"国民经济计算"）

有时候，GDP 像登楼梯那样缓慢增长，但有时候也像掉进陷阱那样大幅下降，比如深受雷曼冲击影响的 2009 年。

再来看一下实际经济增长率，出现了如图 4–2 所示的变动。2012~2017 年间基本实现正增长，也许增长率只有 1% 左右，但也肯定是在增长。也就是说，如果使用 GDP 这一指标来判断景气的好坏，可以说现在的日本正处于景气好的时候。

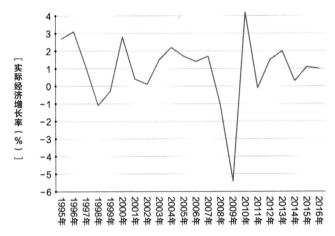

图4-2　1994—2017年的实际GDP增长率（2008年SNA · 2011年联动价格）

（出处：日本内阁府"国民经济计算"）

可是，为什么会有一部分人没能从实际上感受到经济在增长呢？虽然从整体来看经济没什么问题，但从具体角度细看却并非如此。如果从数据分析的角度来考虑，可以认为，**尽管某些地方出现了矛盾，但还是出现了把整体判断为不错的错觉**。

那么，就把GDP指标从各种各样的角度仔细考虑一下吧。

· 为什么没能从实际上感受到经济增长

虽然日本的GDP在持续增长，但是与以往相比，增长速度明显放缓。

对于能否从实际上感受到经济增长，如果不与过去对比，仅从结果来看，是不会清楚的。**也许是因为增长过于迟缓，才难以从实际上感受到经济增长。**

那么，就用日本 1956 年以后的实际 GDP 来看一下经济增长率，其变动情况如图 4-3 所示：

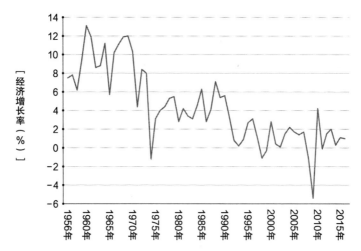

图 4-3　以 1955 年以后的长期经济统计来看经济增长率的变动
（出处：日本内阁府《2017 年度经济财政报告》）

由图 4-3 可以看出，日本的经济大体上可以分成三个时期来考虑：从 1955 年到 1973 年的高速经济增长时期、从 1974 年至 1991 年的稳定经济增长时期和从 1992 年至今的低速经济增长时期。

向 10 多岁、20 多岁的人问"景气好吗"，与向有着 30 多年资历的出租车司机问"景气好吗"相比，因其参照的人生长度不同，其感受方法也会不同，得到的答案必定会不同。由此很难说清景气好坏是与什么相比较而得出的。

"在泡沫经济的时候，顾客花 10 万日元买东西，剩下的零钱全都给我了，可如今"……这些陈年老话，虽然作为"个人英雄传记"听听还觉得有点意思，但是在推测景气好坏方面是不具有任何参考价值的经验之谈。

那么，那些没能从实际上感受到景气好转的人，都被认定为"判断错误"，这样的做法妥当吗？答案是，有数据证明不能那样简单地下结论。

从其明细来看，GDP 可以分为家庭消费、投资、政府支出和净出口这四个种类的项目，把这些加在一起大约等于 500 万亿日元。居民最终消费支出占据 GDP 的 57% 左右，因此，一般认为经济增长的关键由一般家庭的消费掌握着。

近几年来，家庭消费的动向有些奇怪，整个 GDP 的增长率与家庭消费的增长率呈现极高的相关性（如图 4-4 所示）。因为家庭消费大约占据 GDP 的六成，它与 GDP 呈现联动关系也许被认为是理所当然的。

但是，有些年份偏离了这一规律，如果单从家庭消费来看，其增长率为负值，但从整个 GDP 来看，其增长率是正值，这样的年份有 2014 年和 2015 年。

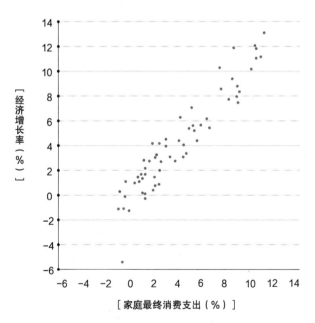

图 4-4　用 1955 年以后长期经济统计来看的整个 GDP 增长率、家庭消费单独增长率
（出处：日本内阁府《2017 年度经济财政报告》）

把家庭消费进一步细分，能够分解为"家庭最终支出"和"不包括自有房产的归属房租"。简单来说，就是去除非营利组织（NPO）等组织形态，只涉及真正的一般家庭的"家庭最终支出"，以及即使是自己的房产也要参照市场价算出，但没有计算在家庭支出里面的那部分金额，即"不包括自有房产的归属房租"。顺便提一下，从"家庭最终支出"和"不包括自有房产的归属房租"来看，2016 年的增长率也为负值。

也就是说，**如果从家庭生活来看，2014~2016 年经济没有增长，景气恶化。但是，如果从将企业投资、政府支出及净出口包括在内的整个 GDP 来看，经济却在增长，所以景气好。这一矛盾状态持续了 3 年。**这 3 年间，拉动整个 GDP 增长的是企业的设备投资和政府支出。

如果根据自己的家庭生活来推测景气的好坏，有一部分人没能从实际上感受到经济增长，也是理所当然的。这是因为**家庭生活与整体经济间出现了偏差**。

顺便提一下，作为在调查家庭生活是否景气方面的参考数据，可以列举出同样是内阁府发布的景气观测调查。这是从 2000 年开始每月发布的景气指标，是对小卖店、出租车、娱乐行业等对景气敏感的从业者进行的家庭生活及企业景气动向的采访，并将这一景况感换算为数字所得到的。它也被人们评为**有别于通过 GDP 表示景气的"街头景气"**。

景气观测调查由如下两个动向指数（Diffusion Index，DI）构成：一是表示与 3 个月前相比较的景气现状的"现况判断 DI"；二是表示今后 2 个月到 3 个月的景气预测的"先行判断 DI"。DI 用 0~100 范围内的数字表示，50 表示徘徊，超过 50 意味着好，低于 50 意味着坏。

看一下家庭生活动向的现况判断 DI 吧，其变动如图 4-5 所示：

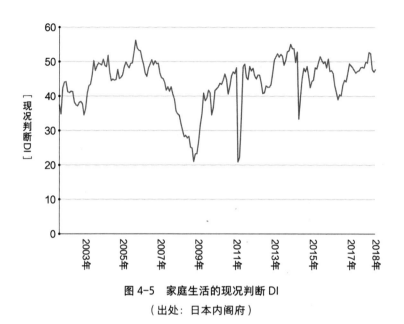

图 4-5　家庭生活的现况判断 DI

（出处：日本内阁府）

由图 4-5 可以看出，超过基准 50 的偏少，所以说 GDP 增长率与家庭生活消费的增长率之间存在着较大区别。由此也可看出，景气观测调查并不能表明整体景气情况，所以又被称为"街头景气"。

2016 年表现出了继 2008 年雷曼冲击、2011 年东日本大地震和 2014 年增收消费税之后的再一次下跌。到了 2017 年的下半年终于从中摆脱出来，刚好转时，2018 年再次跌破基准 50。街头的家庭生活动向并没有呈现出通过 GDP 所看到的那样的增长，但也许更符合实际情况。

这难道不是表明，GDP 这一指标自身已经无法很好地表现整个日本的景气动向了吗？人们能够多大程度地相信 GDP 呢？也许我们对 GDP 指标的过去、缺点和存在的问题视而不见，仅凭数字就做出了"好""坏"的判断。

· GDP 是 20 世纪的遗产

GDP 是在什么时候、出于什么目的被人们发明出来的呢？虽然对此有各种说法，但大多数人认为，其原型出自 1665 年的英国。

在第二次英荷战争（1665~1667）爆发之前，英国政府有必要对一些问题进行估算，比如，战争所必需的物资是否充足、依靠征缴来的税收能否保证战争经费等。为此，有位名叫威廉·配第 (William Petty，1623~1687) 的学者开始推算英格兰和威尔士的收入、支出及其他资产的数量。不过，即使其"测量国家经济实力的大小"的目的与现在相同，但它也并非像现在的 GDP 一样，只是个单一的指标。

从那以后，各国都倾注力量计测国家的经济实力，**围绕如何计测肉眼看不见的经济展开着艰苦的战斗**。衡量方法和计算方法都因国家而不同，五花八门、质量低下，终究难以用来开展国家之间的比较。如何把眼睛看不见的事物变成可见的数字表现出来，可以说真的是一件非常令人头疼的事情。

从那时起，大约过了 260 多年之后的 20 世纪 30 年代，GDP 的前身 GNP（Gross National Product，国民生产总值）诞生了，其契机是那场世界大萧条。在富兰克林·罗斯福（Franklin D.Roosevelt，1882~1945）总统的领导下，为了得到关于萧条的更准确信息，在美国国家经济研究局（National Bureau of Economic Research，NBER）工作的西蒙·库兹涅茨

（Simon Smith Kuznets，1901~1985）制定了国民收入核算体系。

结果，明确写有从 1929 年至 1932 年美国的国民生产总值减少了一半的报告，于 1934 年被提交到联邦议会，将此前无法表现出来的经济实力这一综合性的概念用数字表现出来，而且该数字仅用几年的时间就减少了一半，让整个美国为之哗然。

1942 年，美国发布 GNP 统计数据，开始正式使用这一指标。1947 年，为了实施被称为"马歇尔计划"的欧洲复兴计划，为了更加有效地使用有限资源，联合国决定以自己为中心制定计测经济的基准，这就是自 1953 年开始推行的国民经济核算体系（SNA），随后其成为全世界统一的 GDP 计测体系。

· 能够相信 GDP 到什么程度

上述历史可以清楚地表明，GDP 至今仅有大约 70 年的历史。并且由接下来的讲述你也可以知道，虽然一直以来都在经受着指责，但 GDP 的缺点至今也没能得到更好地解决。主要是因为以下三点：

第一点，GDP 仅是"概念的数值化"。要想知道有多少钱被使用了，既不能把每一张收据和发票收集到一起计算，也不能把产量一件一件地查点。也就是说，把 GDP 搞清楚的理论，只是把 GDP 这一本来不能计测的东西、眼睛看不到的概念，计算出了具体数字的样子将其表现出来而已。

作为求出 GDP 的理论体系，SNA 在 1953 年只是一本不满 50 页的手册。为了提高理论的精准度，让眼睛看不到的概念更接近现实，历经 1968 年、1993 年和 2008 年的三次修改，2008 年公布的版本，其厚度增加到 722 页，进化为精准度非常高的计算体系。

顺便提一下，请稍微往前翻几页，图 4-1 和图 4-2 中清楚地写着"2008 年 SNA"。这就意味着这两张图是用 2008 年公布的 SNA 制作的。

SNA 的每次改版，都将此前某些无法计测的经济交易变得可以计测。换言之，由于能够计测了，GDP 有可能一下子就增加了许多。典型案例就是 2010 年的加纳。2010 年 11 月 5 日，加纳政府统计局修改了计算方法，其 GDP 在一夜之间增加了 60%。此数字一经发布，立即成为人们谈论的话题。实际上什么变化都没有发生，仅仅是修改了计算方法，GDP 就一下子膨胀起来，**这样的 GDP 指标究竟能在多大程度上得到人们的信任呢？**

也就是说，GDP 只不过宣布了"计测这个范围之内的经济活动"而已，**并不能够计测经济的全部**。即使现在，仍有很多"没有计测的经济交易"，其代表性的例子就是家庭内部的生产及个人间的交易往来。例如，利用 Mercari（日本推出的二手商品交易平台）开展的个人之间的交易即是其中之一。今后会不断有新的经济活动出现，那么，只用 GDP 判断经济的发展能否称得上正确呢？

第二点，对 GDP 的正确性做出担保非常困难。20 世纪 70 年代，英国深受被称为"英国病"的经济停滞之苦，经济增长率低，通货膨胀率高，贸易赤字不断增加，终于在 1976 出现不得不向国际货币基金组织（IMF）申请紧急融资的危机局面。作为获得融资的条件，英国必须将财政赤字下降到占 GDP 比率的一定数值以下，因此，当时的内阁强行推出紧缩财政政策。结果，国内经济运营走向崩溃，三年后，由撒切尔夫人率领的保守党一举夺取政权。

　　随后，经过对贸易赤字和 GDP 的修改，人们才明白那个时候的"危机"被严重夸大了，甚至根本谈不上危机。虽然这种危机意识绝对不是人们故意制造出来的，但是，把所有数据拼凑在一起，在糅合来糅合去的过程中，危机就被夸大地表现出来了。这也不能责怪任何人。

　　涵盖了各种各样的经济活动，在不能计测的情况下从 1 开始计测，把特定期间内的所有数据都拼凑在一起，将它们汇总起来进行复杂的处理，这些都包括在 GDP 这一概念之中。进行如此细密加工的结果，就是我们大家平时所看到的 GDP 的数字。

　　如果在计算的过程中出现失误，把小数点或者百分数搞错，随后就发布，那就很难确认是什么搞错了、怎么搞错的。GDP 的详细计算过程，在日本是非公开的，为什么成了那个数字，谁都无法验证。

　　顺便提一下，图 4-3 的长期经济统计显示了 60 多年的经济变动，但是，各时间段的数据出处各有不同。1980 年以前的数据来自 1998 年度国民经济核算（1990 年基准，1968 年 SNA），1981 年至 1994 年的数据来自 2009年度国民经济核算（2000 年基准，1993 年 SNA），1995 年以后的数据来自2016 年第四季度 GDP 快速发布的数值（第二次快速发布）。

　　按照不同基准的计算方法，数据之间的差异虽然不至于到加纳那个程度，但也会出现以数十万亿日元为单位的差别。为了不出现那样的矛盾，就必须对其加以特殊处理。例如，1990 年的实际经济增长率为 5.6%，但如果按照当时的情况原样发布，也许就会出现问题。

　　第三点，只能评估经济规模，无法评估国民生活水平的提升程度和人们的富裕程度。例如，电子邮件和手机应用软件等免费通信诞生了，我们的日常工作和生活变得更加方便，但另一方面，需要缴费的邮政及电话服务都很少被使用了。免费服务是不计入 GDP 的，所以有偿服务变成无偿服务的那部分就从 GDP 里减去了，于是就出现了这样的矛盾：尽管服务方式增多了，

GDP 却变少了（相当于经济增长率变低了）。

GDP 计测经济的数量，却无法计测经济的质量。它仅仅表示在国内使用的钱的总额，与生活的质量没有直接关系。例如，比以往更加耐用的产品出现了，生活的质量提升了，但购买的频率下降了，从 GDP 角度来看，就会与经济增长率的下降联系在一起。由于创新，产品（服务）的价格变得便宜了，这对以 GDP 衡量的经济增长率来说同样不利。

GDP 有别于生活的质量，这是很平常、很简单的事情，却不知从什么时候开始，人们把两者混同起来了。当然，为了维持养老金和医疗等社会福祉，必须要有资金来源，GDP 必须保持增加。但是，即使 GDP 增加了，也不能说日本人的生活变好了或者变差了。

ⅠⅢⅢⅢⅢⅢ (本)(章)(总)(结)

从结果来看，"安倍经济学"使景气好转了吗？

如果用 GDP 这一指标来看，确实能够看出经济再次开始增长了。但是，该指标本身就不是完全可靠的，细究起来，它果真就非常准确地表现了日本的经济实力了吗？这恐怕还要画上一个问号。

即使这样，也只能使用 GDP 来计测经济增长。因为直到如今，避免 GDP 的缺陷，或者可以取代它的指标还没有被开发出来。我们只能在了解 GDP 所具有的缺陷的基础上利用它。

目前已经出现了想要结束仅用一个指标把握国家经济实力的动向。例如，经济合作与发展组织（OECD）在其官方网站上公布了"更好的生活指标"（参见图 4-6），它是将收入、工作、教育、环境和安全等 11 个要素综合考虑的相对指标。

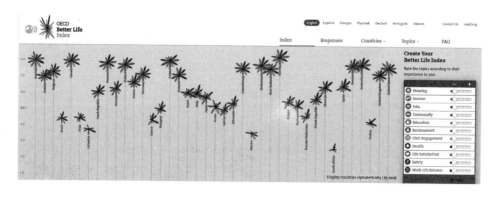

图 4-6 OECD 发布的"更好的生活指标"

这一指标的优点是可以把这 11 个要素再细分并调和在一起，得分的高低因重视的要素不同而出现变化。

与为了短期的经济增长而讨论如何增加 GDP 相比，我认为要想考虑长期的可持续性的政策设计，还是 OECD 的指标更好一些。但令人遗憾的是，现在的国家政策还完全没有对此展开讨论。

第5章

东日本大地震之后到什么状况才能够说复兴了

东日本大地震已经过去 7 年，仍有 7.3 万人避难

与之相关的遇难人数高达 2.2 万人的东日本大地震发生后，由于海啸及东京电力福岛第一核电站事故，至今仍有大约 7.3 万人散落在全国 47 个都、道、府、县避难。岩手、宫城和福岛三个县，虽然已经开始在地势高的地方建造住宅及灾害公营住宅（复兴住宅），并且不断取得进展，但是，至今仍有超过 1.2 万人在使用预制板搭建的临时住宅里生活。

根据警察厅 9 日的汇总，死者 15,895 人，失踪者 2,539 人。根据复兴厅等提供的数据，截至 2017 年 9 月底，相关死亡人数有 3,647 人（与上一年相比增加 124 人），其中福岛 2,202 人（同比增加 116 人）。

（2018 年 3 月 11 日《每日新闻》）

·恢复"3·11"以前的生机

2011 年发生的东日本大地震已经过去 7 年（截至本书写作时）了。受震灾影响，街道遭受了严重的破坏，还引发了核事故，如今仍有无法返回自己家乡的人。

但是，震灾发生之后的状态并非过去了 7 年还是原样。2012 年 2 月，日本以实现大地震的灾后复兴为目的设立了复兴厅。虽然工作进展很慢，但一部分街区已经有避难的人们返回了，震灾后也有婴儿出生了。灾后经济正在重建，复兴厅力争让人们看到比震灾发生之前还要繁荣的样子。

那么，**达到什么状况才能够说已经复兴了呢？**非常遗憾，即使浏览复兴厅的主页，上面也仅仅写着"把复兴期定为截至 2020 年度的 10 年间"，**我们还是不清楚达到什么状况才能说已经完成了复兴。**

"复兴"的意思是什么？与"复旧"有什么区别？虽然对此有各种各样的看法和定义，但是，一般认为，恢复灾害前原有的状态和功能称为复旧；一度衰退了的社会和经济回到原样、再次恢复生机称为复兴。也就是说，我**们不仅要将受到震灾破坏的建筑物恢复原样，还要把东日本大地震的教训记在心里，让东北恢复 2011 年 3 月 11 日以前的生机，那样才可以称得上复兴。**

而且，这也是设置复兴厅的日本政府的使命。

·"已经不是战后了"，战败后的复兴是如何实现的

实现了什么目标才可以称得上复兴呢？可以作为参考的是，第二次世界大战失败之后，日本整个国家实现了复兴。

战败之后的日本经济跌落到了最低点。在盟军最高总司令部（GHQ）的占领之下，日本政府推行的经济政策加剧了通货膨胀，为了遏制通货膨胀，又推行了财政紧缩政策，结果加剧了经济萧条（史称"道奇萧条"）。在经历了上述种种混乱之后，以 1950 年爆发的朝鲜战争所引发的特需景气为契机，日本终于得以苏醒过来，进而成功地实现了经济的快速增长。

到了 1956 年，日本经济企划厅在其发布的年度经济报告中指出，"1955 年度的经济除贸易之外均已大幅超过战前水准。从人均实际国民收入来看，已经达到 1934~1936 年的 113%，这是战争中的最高水准，虽属偶然，但与 1939 年的水准完全一致"。在报告的最后出现了一句战后最有名的宣传口号——"已经不是战后了"。也就是说，日本实现了经济复兴。

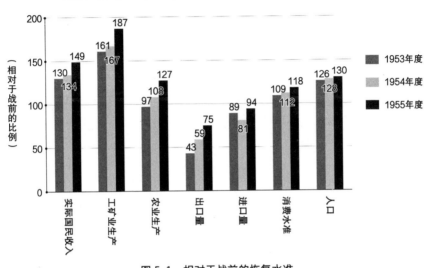

（1934~1936年=100，不过，农业生产1933~1935年=100）

图 5-1 相对于战前的恢复水准
（出处：经济企划厅"1956 年年度经济报告"）

再稍微具体一点看看。根据经济企划厅发布的《国民收入白皮书》1963
年版，1930~1955 年间的实际国民总支出（缺少 1945 年的数据）呈现出如
图 5-2 所示的变动。顺便提一下，受到恶性通货膨胀等的影响，想要利用时
间序列把握战前的国民收入与战后的国民收入变得非常困难，战前的数字充
其量也就是推测数值。在图 5-2 中，用国民总支出除以当时算出的总人口，
求出了人均实际国民总支出。

由图 5-2 可以看出，实际国民总支出在 1946~1949 年间基本上呈现停
滞状态，但是，自爆发朝鲜战争的 1950 年以后呈现攀升状态。人均支出在
1953 年超过了 1934~1936 年的平均值。

不过，正如第 4 章已讲过的那样，这里存在这样一个问题，那就是实际
国民总支出到底能够在多大程度上反映实体经济？特别是在 GDP 指标尚未
完善的当时，它是为图方便而被设计出来的，因此，数据的可靠性无法让人
完全相信。

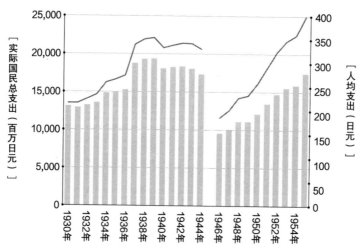

图 5-2　实际国民总支出（柱）和人均实际国民总支出（线）
（出处：经济企划厅 1963 年版《国民收入白皮书》）

下面把着眼点放在实现复兴不可或缺的另外一个重要因素，也就是人口上面来吧（参见图 5-3）。

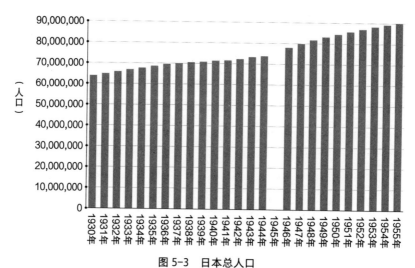

图 5-3　日本总人口
（出处：经济企划厅 1963 年版《国民收入白皮书》）

1946 年，日本的总人口约为 7,575 万人，到 1955 年达到大约 8,927 万人，仅用 10 年时间就增加了 1,300 余万人。

应该有很多人知道 1947~1949 年间出现的"婴儿潮"，在这 3 年的时间里诞生了大约 800 万名婴儿。长期持续的战争终于结束了，人们对未来开始抱有希望和安全感，想要生孩子的心情谁都可以理解。

经济已经回到比原来还要好的状态，不仅如此，人口也增加到比原来还多的水平。如果把这两点视为"复兴"的基准，那么，如今东日本大地震的灾害复兴到了"已经不是灾后了"的程度了吗？

·东日本大地震的灾区——东北的经济增长率

首先把目光转到经济上来吧。最重要的目标性指标，就是表示各都、道、府、县及政令单列市的经济活动的县民经济核算。把它视为 GDP 的都道、府、县版即可，从中也可算出经济增长率。

受灾严重的岩手县、宫城县、福岛县及政令单列市仙台市的 2007~2014 年的经济增长率呈现出如图 5-4 所示的变动。

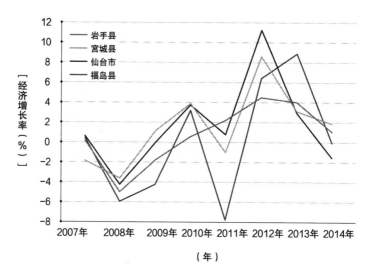

图 5-4　利用县民经济核算得出的经济增长率（1993 年 SNA，以 2005 年为基准计算）

（出处：日本内阁府"县民经济核算"）

　　图 5-4 是利用政府公布的数据制作的，但图中的年度不是指 1 月 1 日至 12 月 31 日的自然年度，而是自 4 月 1 日至下一年 3 月 31 日的年度，所以有必要稍加注意。例如，2011 年 3 月属于 2010 年度。

　　除岩手县（以及仙台市）之外，其他地区 2011 年度的增长率均大大低于上一年度，但在 2012 年度出现大幅反弹，达到 6%~10% 这样的数字。如果说当时日本的经济增长率近乎经济高速增长时期，那么也许真的可以说是"经济复兴"了。但是，**这种状况仅仅持续了两年就结束了。**

　　顺便提一下，由于地震，要把一半垮塌或完全垮塌的建筑物所在的旧址变成空地，然后再盖起新的建筑物，这种行为本身就相当于生产，是如果不发生地震就不会出现的生产。换言之，**这是把对受到东日本大地震影响的经济灾害开展复旧、复兴的那一部分加到县民经济核算里去了。**不过，那是恢复，不能说是增长。也就是说，仅靠这个数字，不能断言"已经不是灾后了"。

· 因震灾导致人口减少的负面连锁反应

下面把目光转向人口。震灾前后的人口出现了哪些变化呢？不过，受东日本大地震大范围受灾的影响，**如果以县为单位计算人口，就把这几个县的内陆部分也包括进来了，难以看清事实**。因此，就以市、町、村为单位计测人口的变动情况。

作为人口统计对象的是受灾严重的如下地区：岩手县宫古市、大船渡市、陆前高田市、釜石市、大槌町、山田町；宫城县石卷市、气仙沼市、东松岛市、名取市、女川町、南三陆町、山元町、亘理町、多贺城市、岩沼市；福岛县南相马市、相马市、岩城市、新地町。这些地区的人口需要分别进行统计。

本来，受灾非常严重的福岛县富冈町、双叶町、浪江町、楢叶町和大熊町也应纳入统计对象，但是，**由于核事故地区被指定为难以返家地区，在统计上总人口为 0**，所以，它们在统计中被去除。

各县发布的推测人口与上月相比如图 5–5 所示：

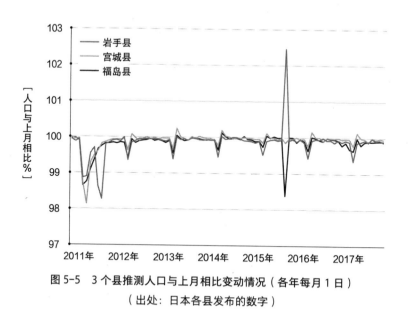

图 5-5　3 个县推测人口与上月相比变动情况（各年每月 1 日）
（出处：日本各县发布的数字）

这 3 个县的人口在地震发生之后的 4 月份均比上月大幅减少。以 3 月 1
日为基准，6 月 1 日，岩手县的上述市、町、村大约减少了 5,000 人，宫城
县的上述市、町、村约减少了 20,000 人，福岛县的上述市、町、村约减少
了 4,000 人。这些减少的人既有因地震死亡的人，也有把居民卡迁到县外避
难的人。而且，肯定还有没迁走居民卡但同样外出避难的人，所以，**人口减
少的实际程度肯定要超过图表所显示的变动情况。**

顺便提一下，与此前的倾向相比，2015 年 10 月出现了较大偏离，与上
月相比，岩手县为 102.45%，福岛县为 98.45%，因为这一年正好碰上了国
势调查。

各月的推测人口以每 5 年开展一回的国势调查为基础，是通过对每月的
出生、死亡、转入和转出人口进行加减算出来的推测值。基于国势调查是对
实际居住的人展开的全面调查，所以被认为是可信性最高的人口指标。每 5
年开展一回严密测算，其他时间再根据出生报告和死亡报告、转入报告和转

出报告进行简单测算就可以了。

不过，在发生了这样的大地震时，**对于居民卡没有迁移就避难的人，"虽然没有居住却按居住原地"继续计算在内，因此，时隔 5 年的全数调查出现了较大幅度的数字变动，这一点应该引起注意**。岩手县是没有迁移居民卡就转入较多人的县，而福岛县与其正好相反，迁走居民卡转出的人较多。

在大地震发生之前，东北地区就深受过疏化的影响，每月的人口都在持续减少。即使去除这些影响，在大地震发生半年之后提交了居民卡转出报告，或者通过国势调查才搞清楚的离开当地的人，**直到 2018 年，也很难说是否回到了原来居住的地方**。

受地震及海啸影响，住房及工作场所的楼房倒塌了，所以一些人暂时没有回来，这样的例子非常多。但是，此后再也没回来，肯定有与之相应的理由。例如，即使想回来，但工作没有了，难以描绘未来的发展前景。这难道不会导致人口越来越稀疏的负面连锁反应吗？参见图 5-6：

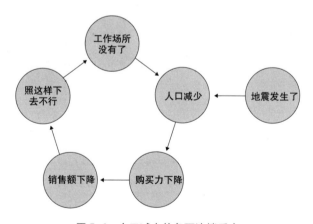

图 5-6　人口减少的负面连锁反应

顺便提一下，经济普查可作为能证实上述连锁反应可能性的数据。所谓经济普查，是指对整个国家的产业进行综合性调查。它是为了提高 GDP 的精确度，以及为未来的发展计划能够发挥作用而开展的大规模全数调查。它将此前的事业、企业统计调查和服务业基本调查等经济统计整合在一起开展。从海外各国来看，仅有美国和中国推行了这种极其先进的做法。

与 2006 年开展的事业、企业统计调查计测出的、不包括公务系列在内的事业所（一般包括商店、工厂、事务所、银行、学校、医院、寺院、矿山、旅馆和发电站等）的数量相比，2012 年和 2014 年分别减少的结果，参见图 5-7 的柱状图。

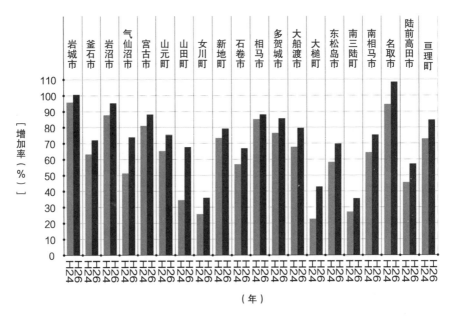

图 5-7　以 2006 年事业、企业统计调查为基准，2012 年和 2014 年经济普查的比较
（出处：日本总务省统计局 "经济普查"）

受过疏化等影响，地震灾害较轻的内陆地方，事业所的数量也减少到 2006 年的 85% 左右。考虑到这一点，明显受到地震影响的气仙沼市、山田町、女川町、大槌町、南三陆町和陆前高田市等地事业所的减少情况将会更加严重。

在 2012 年之后又过去两年的 2014 年，既有山田町和大槌町那样的事业所增加较多的情况，也有女川町和南三陆町那样的增加很少的情况，可见复旧和复兴之艰难。

事业所的数量减少，工作场所没有了，居民不得不转到市外。或者不得不转到市外的人增多，致使当地人手不足，事业所不断减少。虽然搞不清楚顺序，但人口数量和工作场所数量都在减少却是无可争议的事实。

如果把"人口增加到比原来还多"当作复兴的一个指标，那么，**就可以说东日本大地震的灾后复兴"仍在持续"吧。**

· 阪神大地震之后的神户可以说已经复兴了吧

在发生大规模灾害的情况下，达到复兴的程度到底需要多长时间呢？在此可以作为参考的是 1995 年 1 月 17 日发生的阪神大地震。自那时起至今已经接近 1/4 个世纪，已经充满活力的神户街道看上去会让人怀疑曾经发生过大地震吗，其经济和人口看似都恢复了，但还是用统计数据来验证一下吧。

看一下受灾最严重的兵库县及政令单列市神户市的情况。这两个地方 1991~1998 年的经济增长率呈现出如图 5-8 所示的变动。

在发生了地震的 1994 年，经济出现大幅度下降，但是，此后连续经历两年的反弹式增长。到 1995 年，这两个地方的经济增长率都已超过了 1993 年度。**从经济角度来看，它们在 1995 年度就已经完成了复兴。**但 1997 年出

现了经济负增长，因为当时正好处于平成萧条最为严重的时期，所以要想确
认经济负增长是否是震灾复兴需求稳定导致的，还是一件很困难、很麻烦的
事情。

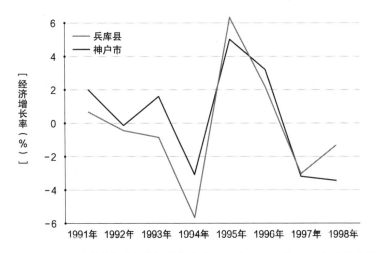

图 5-8　利用县民经济核算得出的经济增长率（1993 年 SNA，以 1995 年为基准计算）

（出处：日本内阁府）

那么，人口情况怎么样呢？看一下从 1985~2015 年共 7 次国势调查的数
字吧。其结果呈现出如图 5-9 所示的变动。

发生了阪神大地震的 1995 年与 1990 年相比，除北区、垂水区和西区之
外，其他区人口大幅度减少。但此后，东滩区、滩区、中央区、兵库区和西
区的人口都已经超过震前水平。对这些区而言，"已经不是灾后了"。换言
之，除了这几个区之外，**其他区"灾后复兴仍然在持续"**。

特别是跌落幅度最大的长田区。以 1990 年为基准，在 25 年之后
的 2015 年，人口大约减少了 30%。以 5 年为单位来看，平均每 5 年减少
3,000~4,000 人，到 2020 年的国势调查，人口统计的结果恐怕比发生了阪神
大地震的 1995 年还要少。

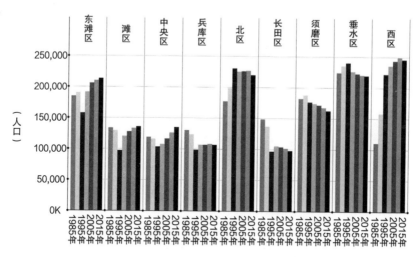

图 5-9　人口变动（1985~2015 年国势调查）

（出处：日本总务省统计局）

　　为什么会出现这种情况呢？看一下长田区每 5 岁一个阶段的人口明细变动（参见图 5-10），就可以清楚地知道主要是哪个阶段的人口减少了。

　　1990~1995 年减少最多的是：1990 年的 60~64 岁年龄段的人、1995 年的 65~69 岁年龄段的人。由于地震，房屋受损，他们可能是到亲戚或者孩子家避难去了。长田区是受灾最严重的地区之一，人们也有可能是担心再次发生如此强烈的地震而离开了这里。

　　过去了 5 年、10 年后，地震发生时 35 岁以上的人返回长田区的数量在增加，但是，当时 25~34 岁的人转回长田区的几乎没有增加，处于徘徊甚至略有减少的状态。没有回来的人是否也包括学生？不能一概而论，但是，为什么没有回来，谁都没有明确的答案。

　　能够明确的是，**既有阪神大地震发生 5 年之后人口恢复到比地震之前还要多的区，也有震灾过后约 25 年仍继续处于"灾后"状态的区。**

每5岁年龄段	1990年	1995年	2000年	2005年
				3,568
			4,009	3,913
		3,640	3,786	3,800
0～4	5,422	4,214	4,397	4,706
5～9	5,969	4,788	5,317	5,521
10～14	7,249	5,924	6,680	6,120
15～19	10,308	7,489	7,785	7,215
20～24	10,045	6,688	6,653	6,267
25～29	8,544	5,706	5,765	5,783
30～34	6,880	5,112	5,393	5,400
35～39	7,953	6,139	6,555	6,655
40～44	10,293	7,913	8,724	8,722
45～49	10,254	7,660	8,378	8,365
50～54	10,287	7,424	8,186	7,940
55～59	10,718	7,364	7,929	7,441
60～64	9,665	6,026	6,308	12,203
65～69	7,636	4,382	9,351	
70～74	5,783	6,265		
75岁以上	9,075			

图 5-10　长田区各年龄段人口数量明细（1990~2005 年国势调查）

（出处：日本总务省统计局"国势调查"）

果真会有因东日本大地震受灾严重的市、町、村恢复原来的活力，实现"复兴"的那一天到来吗？还是"灾后"状态会一直持续下去呢？

 **本章总结**

"已经不是战后了"，这句话有其不太为人所知的真正意义。下面一段话摘自日本 1956 年的年度经济报告：

> 如今依靠经济恢复的拉动力几乎已用尽。诚然，正因为日本还很贫穷，与世界上的其他国家相比较，消费和投资的潜在需求也许依然很大，但是，与战后的一段时期相比，其意愿的强烈程度已明显衰减。"已经不是战后了。"我们如今正在面对不同的事态。依靠恢复的增长结束了，今后的增长要依靠现代化来支撑，并且，现代化的进步只有依靠快速且稳定的经济增长才有可能实现。

"已经不是战后了"的真正意义在于，依靠战后复兴的经济恢复期结束了，高速增长再也难以指望，经济增长速度将回落到与战前相同的 5% 左右。即使是恢复期，比现在还高的增长率也不会有了。

实际上，东日本大地震和阪神大地震都是如此，从县民经济核算来看，从震灾发生，到其后的第二、第三年，经济增长率都出现了负增长。

对这种悲观论，有位名叫下村治的经济学家针锋相对地予以反驳。作为池田勇人首相提出的"收入倍增计划"理论的强有力支持者，他是当时非常活跃的经济学家。

从发起并成立意在支持池田勇人当上首相的政策集团"木曜会"，到出版相关经济刊物等，他作为理论派的代表性人物被人们熟知。同时，他还对后藤誉之助和大来佐武郎等大批经济学家发出了"你们搞错了"的批评，前者是年度经济报告的主要起草人，后者是起草国民收入倍增计划的核心人物。

　　例如，相比以大来佐武郎为首的事务局提出的 7.2% 的经济增长率预期，下村治强烈坚持 11% 的主张，两位互不相让，最终在池田首相的仲裁下确定在 9% 的水平上。但是，其结果正如各位所知，日本通过收入倍增计划实现了高速经济增长。

　　下村治被他所批评的经济学家蔑称为"乐观论者"，但他一直坚持自己的主张，"不要把总需求限定在总供给的范围之内，必须推行让需求超过充足供给能力的政策"。哪里拥有那样的供给能力，哪里就能够创造出那样的需求。对别人带有蔑视的指责，他给出了合乎逻辑的回答。我想，下村治的这一姿态，应该让那些参与东日本大地震灾后复兴的所有官僚、政治家都看看。

　　下村治被说成是"相信日本的底气"。那么，现在的日本该怎样才能找到下村治呢？

　　对拿不出战胜阪神大地震和东日本大地震那样的悲剧、让经济再度振兴、让灾民重返家园的经济政策的官僚，以及对此什么也说不出来的政治家，难道你不想说一句"你们搞错了"吗？

第6章

经济大国日本为什么又被说成贫困大国

（社论）处于危机之中的社会保障

虽然有工作却很贫困

社会保障能力逐渐下降

　　……象征穷困的悲剧是 3 年前在千叶县发生的。40 多岁的母亲亲手杀死了正在初中二年级读书的女儿。该女性在餐食配送中心当临时工，工资收入与政府发放的抚养儿童补贴加在一起，每个月的净收入仅为 12 万日元左右。但是，为了不让女儿在学校丢脸，她给女儿购置了学校的校服和上体育课穿的运动服，并为此而举债。另一方面，她还拖欠了县营住宅（由县里经营的廉租房）的 1.28 万日元的房租。

　　在法庭上，她为自己辩解说，她工作的地方"不允许自己再去做第二份兼职"。为了得到生活补助，她去找了市政府，"因为有工作，被拒绝了，指望不上"。因拖欠房租被强制执行腾出住房的当天，她正准备自杀时，因杀人罪被逮捕。

（2017 年 11 月 27 日《每日新闻》）

就贫困率的上升向安倍首相提问，得到"日本是富裕的国家"的反驳

安倍首相在 1 月 18 日的参议院预算委员会上，在回答共产党的小池晃议员提出的关于经济方面的差距在扩大的问题时，指出："绝对没有日本贫困那种事情……从世界的标准来看，日本都是相当富裕的国家。"

这一天，小池先生关于日本的贫困状况进行了提问。根据厚生劳动省的国民生活基础调查和 OECD 的调查，以日本的相对贫困率（生活水平低于标准家庭的年可支配收入的一半的人所占的比率）在 2012 年大约为 16% 为例，他向安倍首相发问："根据 6 个人里有 1 人贫困这一实际状况，日本已是世界屈指可数的贫困大国，你对此有什么看法吗？"安倍首相对此问题做出如下回答："绝对没有日本贫困那种事情，无论是用国民收入，还是用生产总值除以总人数，也就是用人均 GDP 等数字来说，日本都是相当富裕的国家，当然，用世界的标准来看也一样，我是这么认为的。"

[2016 年 1 月 19 日 *The Huffington Post*（日文版）]

·位居 OECD 最差国第二的日本是贫困国家吗

经济大国，日本。

实际上，经济大国这个词本身并不存在一个公认的定义，如果把 GDP 排在世界前列的国家叫作经济大国，那么现在（2018 年），美国、中国、日本和德国应当都属于经济大国吧。

可就是这样的日本被世界指出是"贫困大国"。难道没有人对此感到很别扭吗？

经济大国与贫困大国理应不沾边。这是国际社会在找碴儿吧？不，因为差距确实拉大了，各种各样的看法在不断变化。**"关于贫困的定义到底是什么"**，也许读了本书之后，大家就会习惯这种认知。

什么样的状态称得上"贫困"呢？这个问题的答案很模糊、不明朗。没有房子是贫困吧？没有钱是贫困吧？没有饭吃是贫困吧？没有朋友是贫困吧？是腰包空虚？是心灵空虚？根据这些标准，任何人都可以给"贫困"随便下个定义。

但是，如果这样定义，那些无论怎么看都是贫困的人，例如，在贫民窟生活的孩子，在战乱地区险些丧命、外出逃跑的难民，就无法提出"我们更贫困，必须接受支援"的主张了。

因此，OECD 制定了世界关于贫困的共同定义。按照这一定义，日本在

OECD 34 个国家中排在第 29 位。即使在发达七国之中比较，也仅强于排在第 30 位的美国，处于最差国家中的第二位。

· 真奇怪，"有手机还贫困"

提出"贫困是相对概念"观点的是学者 D. 韦德伯恩 (D.Wedderburn)。**时间基准和所处地区不同，贫困的定义当然也会不同。**对此，该学者提出了如下的思考：

> 产业革命以后，各国生活水准的差距逐渐拉大。即使在 A 国被看作是贫困的生活，有时候在 B 国却被看作是普通的生活。问题是，那些在 A 国被看作过着贫困生活的人很难轻松地说出"那么，就到 B 国去吧"。也就是说，将在某些发展中国家过着一天几美元生活的人，与在发达国家的贫民窟里过着乞讨生活的人进行比较，并没有意义。

这件事情按照不同的时间基准比较也是一样的。20 世纪 60 年代的日本与 50 年后的日本的生活水准已经完全不同。

"有手机还贫困，这在过去是难以想象的。"这种发言拿现在的生活与**数十年前的生活相比较，从时间点来看很奇怪。**

如果按照上述逻辑，与阿爷到山上割草、阿婆到河边洗衣的时代相比，在 20 世纪 60 年代就将洗衣机普及到大多数家庭的日本被说为贫困，难道不是不可能的事情吗？

在韦德伯恩等多位学者建议的基础上，人们开发出了"绝对贫困"和"相对贫困"的指标。

所谓绝对贫困，是指连最低限度的衣食住都无法确保，甚至连能否活下去都无法保证的贫困状态。具体来说，贫困是指按照 2011 年时间点的购买力平价换算，每人平均每天的生活费不到 1.90 美元。这个定义还是比较容易明白的。定义的关键是要超越国界，从全世界来看，如果每人每天的生活费不到 1.90 美元，就属于贫困人口。

不过，听到上述定义后，人们会产生这样的疑问：如果每人每天生活费为 1.91 美元就不属于贫困了吗？说到底，世界银行给出的这个定义，只不过是为了能够将现状用数字表达、能够进行国际比较开发出来的指标而已。

相对贫困的定义在世界不同地区略有差异，在日本是指"实际到手的家庭收入（从收入中扣去缴纳的税和社会保险费，加上养老金等社会保障收入所得到的金额）除以家庭人口数，再进行调整（等价可支配收入）之后，处于中位数的 50% 以下的某些阶层"。顺便提一下，中位数的 50% 就是贫困线。

所谓相对贫困率，是指相对于总人口来说，相对贫困人口所占的比率。这个相对贫困率，才是在日本表现得比较高的指标。

OECD 发布的各国的相对贫困率排行榜，参见图 6-1。

日本的相对贫困率大大超过了 OECD 的平均数，甚至高出韩国和希腊。顺便提一下，这个数据是根据 2010 年国民生活基础调查算出来的。

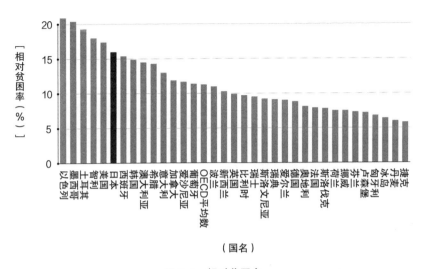

图 6-1　相对贫困率
（出处：OECD 家庭数据库"儿童贫困"，2014 年）

·受到大的数值影响的平均数和不受影响的中位数

如果用"中位数的 50% 以下"表示相对贫困，该怎样计算呢？我们仔细地看一下吧。

根据 2016 年日本国民生活基础调查，收入的分布如图 6-2 所示。与表示正中间的平均数 545.8 万日元相比，中位数为 428 万日元，两者之间约有超过 100 万日元的差距。

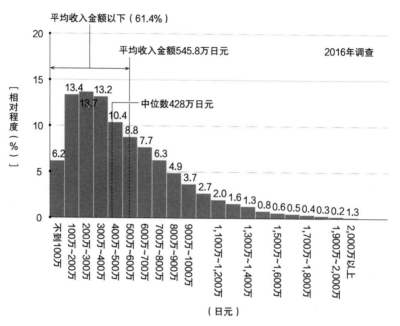

图6-2　收入金额各阶层家庭数的相对程度分布
（出处：日本厚生劳动省"国民生活基础调查"）

其原因在于计算方法的不同（参见图6-3）。对平均数而言，如果计算对象的数据群里包含了少许大的数值，得出的结果也会相应地变大。但是，中位数是将数值由低到高的顺序排列后，正好处于二等分位置的数值（如果总数为偶数，则为中间两数的平均值），所以，即使在数据群里有少许大的数值，结果也不会受多大的影响。

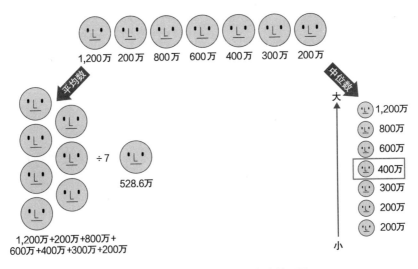

图 6-3　平均数和中位数计算方法的不同

·从收入中求出相对贫困率

要想知道处于正中间的家庭收入，中位数比平均数更准确。也就是说，428 万日元就相当于正中间的家庭收入。

不过，这一数值充其量是"家庭"的收入。也许是 1 个人生活的小家庭，也许是 10 个人在一起生活的大家庭。如果是 1 个人生活，428 万日元也许就足够了，但如果是 10 个人，428 万日元就太少了。因此，把以家庭为计算单位的收入调整为以个人为单位的收入，叫作等价可支配收入。

所谓等价可支配收入，是指用家庭收入除以家中人口数的平方根得到的数值。假设家庭收入为 400 万日元，家庭人口数为 2 人，那么等价可支配收入为 400 万日元除以 $\sqrt{2}$，约等于 283 万日元；家庭人口数为 3 人，400 万日元除以 $\sqrt{3}$，约等于 231 万日元；家庭人口数为 4 人，400 万日元除以 $\sqrt{4}$，等于 200 万日元，这些均被视为属于该家庭的人均收入。

不是单纯用人数来除，而是用人数的平方根来除，**是考虑到家庭的消费里有规模经济在发挥作用**。例如，对于电费及水费，2 人或 3 人一起生活要比 1 人生活的人均费用低，这与在**共享住房居住，平摊的费用就会降低**是同一个意思。

顺便提一下，用平方根来除的方法与实际状况基本相符，计算起来也很方便，所以这是人们常用的做法。

计算统计对象的等价可支配收入，将结果按照大小顺序来排列，求出正好位于中间的中位数，得知是 245 万日元。在日本，关于贫困的定义就是不到等价可支配收入的中位数的一半。所以，等价可支配收入的一半，即 122 万日元就是日本的贫困线。

以该数字为基准，根据 2016 年国民生活基础调查，日本的相对贫困率为 15.6%。顺便提一下，等价可支配收入的相对分布如图 6-4 所示，在 200 万 ~240 万日元和 400 万 ~500 万日元等范围内有较多分布。

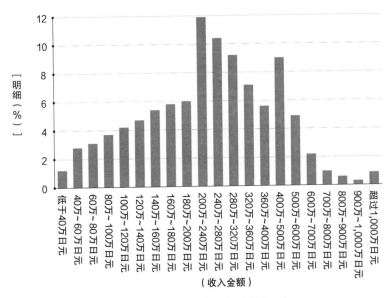

图 6-4　等价可支配收入相对程度分布

（出处：日本厚生劳动省"国民生活基础调查"）

　　那么，15.6% 这一数值还有较大的收缩空间，还是基本稳定？过去 30
多年的相对贫困率呈现出如图 6-5 所示的变动。

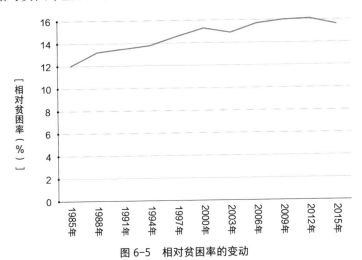

图 6-5　相对贫困率的变动

（出处：日本厚生劳动省"国民生活基础调查"）

虽然最新的结果与前几年相比下降了 0.5% 左右，但近 15 年来，相对贫困率都徘徊在 15% 多一点的水平上，基本没有什么变化，即使是泡沫时期的 1988 年也达到 13.2%。也就是说，**在日本，从长期来看，大约在 7 个人里面就有 1 人属于相对贫困。**

· 厚生劳动省的指标和总务省的指标哪个正确

不过，求出相对贫困率可以利用的数据并非只有国民生活基础调查。利用全国消费实际状态调查也可求出相对贫困率，它是对家庭收支、储蓄 / 负债、耐用消费品和住宅 / 宅地等家庭资产进行的综合性调查。

全国消费实际状态调查每 5 年开展一次，比每 3 年开展一次的国民生活基础调查（进而求出相对贫困率）的时间间隔要长，也许难以捕捉到细微的变化。自 1999 年以来，4 次调查结果的变动，参见图 6-6。

从最新的 2014 年全国消费实际状态调查结果来看，日本的相对贫困率为 9.9%，这一结果与国民生活基础调查结果相比竟然相差近 6%。如果用这个数字来看，日本的相对贫困率低于 OECD 的平均值。

难道是其中的哪一个数字在造谣吗？也许会有人这样想。但是，无论哪项调查都是掌握了数万个家庭数字的大规模调查，要想故意造假也是非常困难的事情。

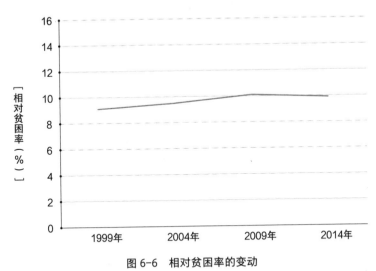

图 6-6　相对贫困率的变动
（出处：日本总务省"全国消费实际状态调查"）

　　无论是调查目的还是调查对象，无论是合计对象还是不在调查对象之内的家庭，两种指标都各有不同。**即使从同一个大锅里品尝酱汤的味道，也可能因为搅拌方法及盛出酱汤的勺子大小不同而得出不同的结果。**

· 因样本的抽取方法不同，结果会出现变化

　　对于全国消费实际状态调查和国民生活基础调查，也不能认为"**哪个都是真实的**"。首先还是看看两者的贫困线吧。

　　两者之间存在着虽说不多但也有 10 万 ~20 万日元的差别。相对贫困率

较高的国民生活基础调查，其贫困线较低，所以，可以认为**国民生活基础调查包含较多的等价可支配收入较低的样本**。

两者都包含已经过了较长时间的数据。在内阁府独自开展的调查中，在调查对象家庭的收入中出现了如表 6-1 所示的区别。

表 6-1　全国消费实际状态调查和国民生活基础调查的区别

	全国消费实际状态调查	国民生活基础调查
调查主体	总务省	厚生劳动省
调查目的	调查家庭生活实际状态，得到关于全国及各地家庭的收入分布、消费水准及结构等的基础资料	调查保险、医疗、福祉、年金和收入等国民生活的基础事项
调查对象	从全国所有的市、町、村中选取 4,367 个调查单位区（每一个调查单位区都是与 2005 年国势调查时相邻的两个调查区），从各调查区随机抽出 12 个家庭，全国共计抽出 52,404 个家庭	从国势调查区中分层次随机抽出的 2,000 个单位区内的所有家庭
调查对象数量	56,400 个家庭（其中单身家庭 4,700 个）	34,000 个家庭
合计对象数量	55,576 个家庭（2014 年调查），回收率为 98.5%	24,604 个家庭（2016 年调查），回收率为 73.7%
调查对象之外的家庭	因病住院的人以及住进老人院等社会机构的人不作为调查对象；单亲家庭的学生也不作为调查对象	因病住院的人以及住进老人院等社会机构的人不作为调查对象
收入的调查方法	从上一年 12 月到开展调查那一年的 11 月的过去 1 年的收入	从调查前一年的 1 月到 12 月的 1 年的收入
调查系统	由都、道、府、县任命的调查人员对调查对象家庭开展调查，由调查家庭填写，调查人员回收。不过，调查人员在回收调查问卷时要对填写内容进行确认	通过福祉事务所，都、道、府、县等任命了的调查人员对调查对象家庭开展调查。由调查家庭填写，调查人员回收。不过，调查人员在回收调查问卷时要对填写内容进行确认
实施频度	5 年一次	3 年一次

（出处：日本厚生劳动省"国民生活基础调查"、总务省"全国消费实际状态调查"）

与全国消费实际状态调查相比，国民生活基础调查中收入较低的回答者居多。所以，用国民生活基础调查得出的相对贫困率看起来更高一些。

出现这一结果的理由是，相对来说，**国民生活基础调查中老年人家庭居多**。老年人最主要的收入来源仅限于养老金，这样的家庭多的话，收入分布就会朝着较低的方向偏移。

表6-2 贫困线

单位：万日元

	1997年	1999年	2000年	2003年	2004年	2006年	2009年	2012年	2014年	2015年
国民生活基础调查	149		137	130		127	125	122		122
全国消费实际状态调查		156			145		135		132	

（出处：日本厚生劳动省"国民生活基础调查"、总务省"全国消费实际状态调查"）

相信哪个数据才好？其实，这不是相信不相信的问题，而是从总体中抽取样本的调查方法的问题，所以只能说，"哪个都是真实的"。

非得要说出一个的话，如果考虑到哪个更能表现出日本的实际状态，还是老年人家庭相对较多的国民生活基础调查吧。

不过，比较一下两者的调查结果（参见图6-7、图6-8），贫困率出现了约7%的偏离，但也没有必要对此仔细分析。也有人认为只要了解是增加了还是减少了的倾向即可，但是，对于9%和16%，政府应该采取的政策自然而然也会有所不同吧。

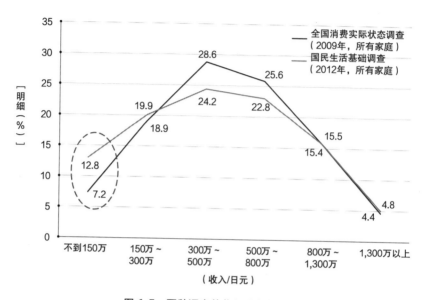

图 6-7　两种调查的收入分布的比较

（出处：日本内阁府《关于相对贫困率等的调查分析结果》）

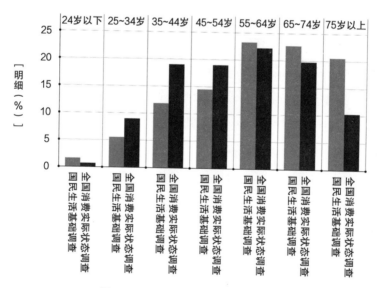

图 6-8　两种调查的对象的年龄分布

（出处：日本财务省财政综合政策研究所《家庭生活的家庭分布：与"全国消费实际状态调查""家庭生活调查""国民生活基础调查"的比较》）

难道不应该为计测相对贫困率重新专门开展年度调查吗？说起来，相对贫困率是在民主党执政时突然引人注目的指标，是在当时的厚生劳动大臣的指示下匆忙之间制定出来的。但也用不着从零开始重新计测，暂且还是用被人们认为最具覆盖性的国民生活基础调查来开发这一指标才符合目前的实际情况，关键是要看清某种程度的有用性及指标自身的局限性。

· 约 6.4 个孩子里有 1 个属于相对贫困

利用相对贫困率，也可以计测"孩子的贫困率"。它是指等价可支配收入达不到贫困线的孩子（17 岁以下）占全部孩子的比例。来看一下 OECD 34 个国家的结果比较吧（参见图 6-9）。

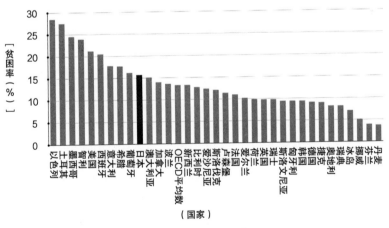

图 6-9　孩子的贫困率

（出处：OECD 家庭数据库"儿童贫困"，2014 年）

由图 6-9 可看出，日本孩子的贫困率是 15.7%，约 6.4 个孩子里有 1 个属于相对贫困，仍然高出 OECD 平均数。

2016 年日本国民生活基础调查得出，孩子的贫困率为 13.9%。2017 年 10 月，日本国内约有 1,890 万个 17 岁以下的孩子，**单纯计算的话约有 260 万的孩子属于相对贫困**。整个大阪市的推测人口也只有 270 万人左右，所以，能够感受到这是一个相当庞大的数字。

另一方面，2014 年消费实际状态调查得出，孩子的贫困率为 7.9%，仍然比国民生活基础调查得出的结果偏低，这与前文讲到的情况没有变化。

阿部彩对父母处于不同年龄段的孩子的贫困率进行调查，将其统计出的调查结果发布在"贫困统计主页"上，参见图 6-10。

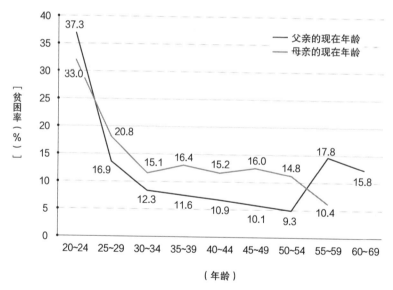

图 6-10　父亲／母亲的各年龄段及其子女的贫困率
（出处：阿部彩"贫困统计主页"上"2006 年、2009 年、2012 年相对贫困率的动向"，2014 年）

由图 6-10 可以看出，年轻父母生的孩子的相对贫困率相当高，随着父母年龄的增大，其子女的相对贫困率逐渐下降。这大概是因为父母的收入与年龄同时在增加。

也就是说，在收入还比较少的时候，如果家庭人数增加 2 人到 3 人，那么作为等价可支配收入，被除数的数值也在根号中增加了 2 或 3，自然就容易导致相对贫困。

在有孩子且父母在职的家庭中，单亲家庭的相对贫困率的结果也被计算出来了（参见图 6-11）。

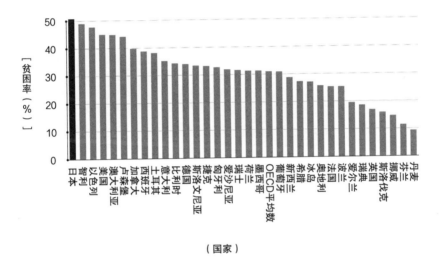

图 6-11　有孩子的在职家庭（单亲）的相对贫困率

（出处：OECD 家庭数据库"儿童贫困"，2014 年）

由图 6-11 可以看出，日本有孩子的在职家庭（单亲）的相对贫困率为 50.8%，处于最高水平。只有一个大人的家庭，其中一半的孩子都在受着相对贫困之苦，这不能认为仅仅是计算方法的原因。等价可支配收入的明细如图 6-12 所示。

由图 6-12 可以看出，有孩子的在职家庭（单亲）的等价可支配收入在

60 万 ~120 万日元的最多。假如是单亲且只有 1 个孩子的家庭，乘以 $\sqrt{2}$，家庭的年收入在 85 万 ~170 万日元，月收入就是 7 万 ~14 万日元，根据居住场所的不同有可能领到生活补贴。

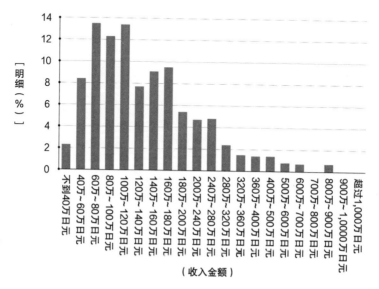

图 6-12　有孩子的在职家庭（单亲）的等价可支配收入分布
（出处：日本厚生劳动省"国民生活基础调查"）

ılıllılı 本章总结

收入产生的差距隐含着导致身份固化的可能，所以，我认为它是亟须解决的课题。那么，在此介绍一下前文出现过的"贫困统计主页"发布的不同学历的父母生的孩子的相对贫困率。

由图 6-13 和图 6-14 可以看出，父母是小学 / 初中毕业的家庭，成为相对贫困家庭的概率很高。也就是说，学历成为是否贫困的关键因素。这难道不是说明了收入因学历而发生变化吗？

那么，看一下 20~24 岁拥有不同最终学历的人的年收入吧（参见图6-15）。

平均来看，初中毕业的父母的年收入比高中毕业的少 30 万日元，比大学毕业的少 50 万日元。如果按一辈子的工资来看，可以得知，初中毕业的父母的收入与高中毕业的相比少 4,000 万日元，与大学毕业的相比少 9,000万日元。

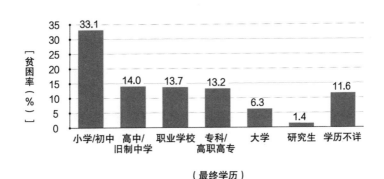

图 6-13　不同学历父亲的孩子的贫困率（2012 年）

（出处：阿部彩"贫困统计主页"上"2006 年、2009 年、2012 年相对贫困率的动向"，2014 年）

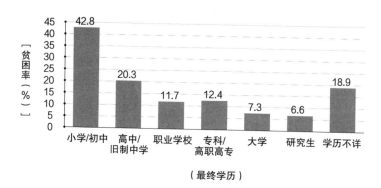

图 6-14　不同学历母亲生的孩子的贫困率（2012 年）
（出处：阿部彩"贫困统计主页"上"2006 年、2009 年、2012 年相对贫困率的动向"，2014 年）

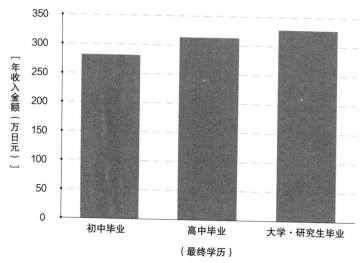

图 6-15　最终学历不同的 20~24 岁的人的年收入（2017 年）
（出处：日本厚生劳动省"工资结构基础调查"）

　　最低也要让孩子读完高中，如果有可能的话要让孩子读完大学，这也许是所有父母的心愿。

　　但是，根据日本文部科学省 2016 年学校基本调查，相对于高中入学率

98.7% 来说，领取生活补贴的家庭中的孩子的高中入学率为 93.3%，两者都有些许的偏离。

直至孩子升入大学，父母的年收入就被如实地反映出来。虽然资料有些陈旧，但根据东京大学于 2005~2006 年开展的"关于高中生的去向的调查"可以清楚地看出，父母年收入越低的家庭的孩子，其四年制大学的入学率越低、就职率越高（参见图 6-16）。

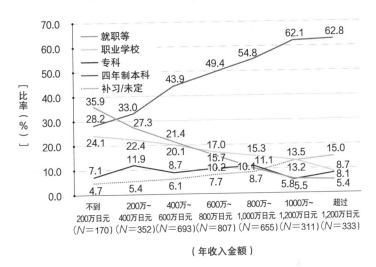

图 6-16　父母不同年收入的高中毕业后的去向
（出处：东京大学"关于高中生的去向的调查"）

父母的年收入在很大程度上决定着孩子的出路，出路决定了，年收入就决定了，年收入决定了，再下一代的孩子的出路就决定了……这难道不是"贫困的固化"吗？但即使如此，也要想："如果我付出努力，说不定今后就不一样了。"然而，还要把"贫困的家庭如果不付出比普通家庭多出几倍的努力，将来就很难幸福"这句话放在前面。

我认为，要想让人们看到这种状况，并且想让这种状况有所改善的话，对相对贫困率，尤其是孩子的相对贫困率进行年度调查是不可或缺的。

参议院议员平山佐知子在《第192届国会的提问意见书》中，针对"国民生活基础调查"和"全国消费实际状态调查"两种调查方法有差异这一问题，进行了提问："是否有以两项调查的结果为基础拿出一个统一的统计数值的想法""内阁更加看重哪一项指标？"

结果，安倍内阁给出了不痛不痒的回答，"我们搞不清楚您询问的'以两项调查的结果为基础拿出一个统一的统计数值'的意义何在，因而难以给出回答"，"并非单方面地看重哪一个，重要的是看清各自数值的倾向"。

在他们看来，哪个指标都很重要，并没有统一的打算。也就是说，没有重新计测贫困率的打算。国民生活基础调查每3年开展一次，全国消费实际状态调查每5年开展一次，所以，只能看到那种程度的贫困率。如果说以那种程度的时间间隔就能充分计测贫困率变动的话，也就不会有用1年或2年时间把贫困率降下来的热忱了。

顺便提一下，1999年，时任英国首相布莱尔宣布，在2020年之前要彻底扫清孩子的贫困，作为中期目标，到2004~2005年度要将孩子的贫困率与1998~1999年度相比削减1/4。从实际结果来看，仅差一点没能实现，但仅用5年的时间，贫困率便以肉眼可见的速度降下来了。

只有政治家发出"干"的号召，贫困率才会降下来。

第 7 章

明明人手不足，为什么工资不上涨

当务之急是拿出人手不足的对策

相对于在职业介绍所找工作的一个人，企业平均要招聘多少人，表示这一比率的指标叫作有效求人倍率（有效招收人数与求职人数的比率），该项指标如今已经超过泡沫经济时期。企业之间对于无法确保人手对事业造成影响的担心不断增强。必须赶快拿出对策。

（2017 年 5 月 31 日《日本经济新闻》）

2017 年的失业率，时隔 23 年低于 3%，就业状况好转

劳动力市场越是出现"卖方优势"，上调工资等待遇的改善就越容易取得进展。虽然钟点工等非正式员工的小时工资已经出现上升趋势，但是，工资水准与正式职工的较高工资和企业的高收益相比仅是缓慢增加。社会保险费负担也在增加，家庭生活可以自由使用的可支配收入呈现难以增加的状况。

（2018 年 1 月 30 日《日本经济新闻》）

· 推行"安倍经济学"以来，实际工资在下降

　　表示就业动向的有效求人倍率在持续上升，失业率在持续下降。也就是说，**大多数企业都面临着严重的人手不足问题。**

　　那么，我们的工资上涨了吗？**企业要招录更多的劳动力**，等同于出现了**争夺人手的局面**，所以，工资理应相应地上涨。

　　用名义工资（用所支付的货币金额表示的工资）除以居民消费价格指数得到的实际工资是有关工资的指标之一，可以认为它是把物价上涨率考虑进去的工资。该指标呈现如图 7-1 所示的变动。

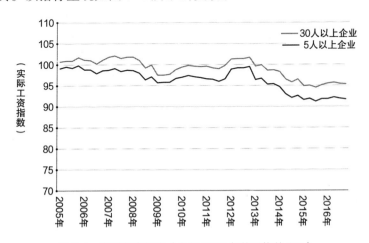

图 7-1　实际工资指数（参照 2000 年的平均数 100）
（出处：日本厚生劳动省"每月领取报酬劳动调查"）

通过图 7-1 可以看出，实际工资指数自 2014 年前后一下子转为下降，30 名员工以上的企业大约下降了 3 个百分点，5 名员工以上的企业大约下降了 5 个百分点。而 2014 年正是安倍内阁以摆脱通货紧缩为目标、朝着实现 2% 通货膨胀率推行各项经济政策的时候。

也就是说，工资的上涨幅度没有跟上通货膨胀率的上升幅度，所以**相对来看，实际工资指数出现了下降**。

名义工资的计算包含了钟点工和半工半读等所有的劳动者的工资。因此，也有人认为，通过推行"安倍经济学"，景气得以恢复，就业出现了增加，只是平均工资看起来好像是下降了。

还是来看一下"每月领取报酬劳动调查"吧。以拥有 5 名以上员工的企业为对象，普通劳动者和钟点工劳动者的比率在 2005 年为 25.3%，到 2017 年上升到 30.8%。另一方面，在这 13 年间，劳动者总体数量增加了 700 万人，其中，普通劳动者增加了 200 万人，钟点工劳动者增加了 500 万人。如图 7-2 所示：

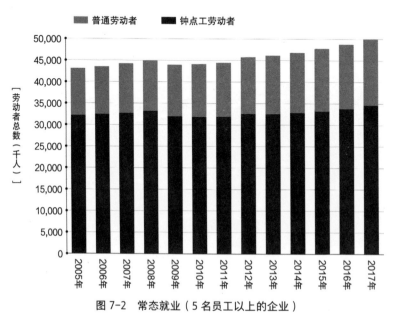

图 7-2　常态就业（5 名员工以上的企业）

（出处：日本厚生劳动省 "每月领取报酬劳动调查"）

增加的钟点工劳动者数量没有多到给整体带来决定性影响的程度，所以，即使以 2014 年为基准来考虑，**"由于钟点工和半工半读等低工资劳动者增加了，所以平均数降下来了"**，难以作为实际工资指数开始下降的所有理由。

也就是说，明明处在人手不足的局面，工资却基本上没有上涨。是劳动力市场不正常吗？还是实际上并没有出现人手不足问题？经济好转就会在工资上体现出来的观点错了吗？究竟是怎么回事呢？首先调查一下有效求人倍率和失业率这两个指标吧。

· 如何解释有效求人倍率急速上升呢

求人倍率是经济统计指标之一，表示相对于正在找工作的每个人，平均有多少招聘岗位。如果求人倍率超过 1.0，就表示正处于企业需要的人手比找工作的人更多的状态。

求人倍率有两种：新办求人倍率和有效求人倍率。前者表示职业介绍所当月新办理的招人和求职数量之比；后者包括上个月没有办理完转到本月办理的那一部分。通常情况下都利用有效求人倍率这一指标。

那么，看一下 1993~2017 年这 25 年间的有效求人倍率的变动情况吧。如图 7-3 所示：

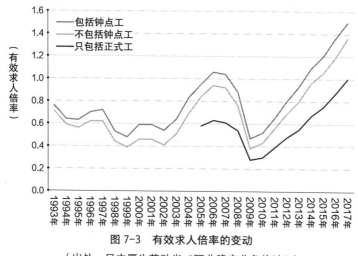

图 7-3 有效求人倍率的变动

（出处：日本厚生劳动省"职业稳定业务统计"）

　　就业形态不只有正式工，还包括钟点工、临时工、合同工、季节工、派遣工、转包工和委托工等非正式就业员工。为此，日本从 2005 年开始，计测仅包括正式工的有效求人倍率。

　　有效求人倍率超过 1.0 的时间起点，包括钟点工的是在 2014 年，不包括钟点工的是在 2015 年，仅包括正式工的是在 2017 年，可以说其以惊人的**速度迅猛上升**。

　　但如果把现状理解为人手不足，却有几点让人费解。有效求人倍率是用有效招工人数和有效求职人数算出的，所以，先把各自的明细表示出来看看吧。为了能够按照时间顺序与过去相比较，1963～2017 年的变动如图 7-4 所示：

图 7-4　全部的有效招工人数、有效求职者数、就职件数的变动
（出处：日本厚生劳动省"职业稳定业务统计"）

从图 7-4 中可以看出，有效求职者数在 2009 年达到顶点之后持续下降，到 2017 年下降到低点，上一次出现这样的低点还得上溯到 1993 年。

· 有效求职者数并非正在找工作的人数

所谓有效求职者数，仅仅是指到各级政府设置的职业介绍所登记了的求职者数，在企业之间直接跳槽的人员，以及经由私企登出的招人广告就职的

人员，不包括在该数字之内。无论是跳槽者，还是钟点工或临时工，把职业
介绍所作为就职活动选项的人能有多少呢？

得出这一答案的是有效求职者的就职件数。有效招工人数从 12 万人
到最多 18 万人，并且从 2012 年的最多 18 万人已经减少到 2017 年的 14.5
万人。

最让人费解的是**有效招工人数的迅猛增加**，已经大大超过了景气非常好
的泡沫经济时代和被说成没有实际感觉景气恢复的小泉执政时代。即使考虑
到是"安倍经济学"的成果，招工人数果真增加到如此程度了吗？说起来，
有效求职者持续减少，职业介绍所也不会被人们当作"良好的求职者咨询
处"。但尽管如此，企业还要到职业介绍所去招人，其理由是什么呢？

其实，有效招工人数根本看不出企业是"姑且先登记上再说"还是"真
的人手不足实在没有别的办法"。就职活动也是同样，难以看清应聘的企业
到底是姑且在应聘申请表上填上的企业，还是真的作为第一志愿非常想去的
企业。

顺便看一下仅统计正式工求职招工的数据吧，变动如图 7-5 所示。由于
雷曼冲击，求职者数一下子增多了，但是，随后就开始持续下降。总体趋势
大概就是这个样子。

有效求人倍率是将两个指标用除法计算出来的，目的在于把握求职情
况。但是，**充当分母的"求职者数"眼看着持续减少，充当分子的"招工人
数"明显表现出异常的增加趋势**。这不禁让人产生疑问：这样的有效求人倍
率能够得到人们的认可吗？

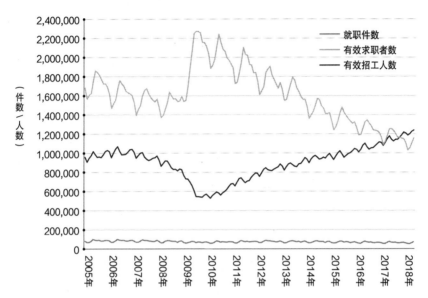

图 7-5　正式工的有效招工人数、有效求职者数、就职件数的变动
（出处：日本厚生劳动省"职业稳定业务统计"）

·一亿总活跃 = 非劳动力的劳动力化

下面来看一下失业率。

失业率并非厚生劳动省单独随意给出的定义，而是联合国的专门机构国际劳工组织（ILO）设定的国际基准。虽然各国根据特殊情况可以稍微修改，但基本上与国际基准保持一致。

　　计算方法是**将失业人数除以劳动力人口**。所谓劳动力人口，是指 15 岁以上拥有劳动能力和劳动意愿的人的总数。即使在 15 岁以上，但学生和从事家务劳动者等即使有劳动能力但没有劳动意愿的人，或者严重的体弱多病者和老年人等不具备劳动能力的人，都称为非劳动力人口。**把劳动力人口和非劳动力人口加在一起，就可以看作日本 15 岁以上的人口。** 劳动力人口和非劳动力人口的变动如图 7-6 所示：

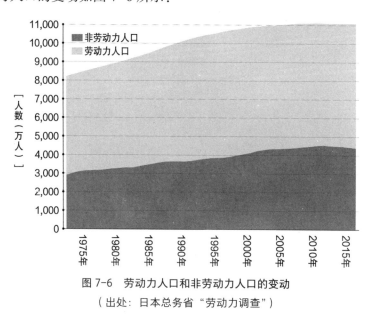

图 7-6　劳动力人口和非劳动力人口的变动
（出处：日本总务省"劳动力调查"）

　　1998 年，日本迎来劳动力人口的顶峰，此后呈现缓慢下降的趋势。但是，安倍第二次上台以后，劳动力人口开始再度增加，其原因是自计测以来一直呈上升趋势的非劳动力人口的活用。"女性活跃""一亿总活跃"等被人们称颂，但关键问题是，**其目的在于弥补持续减少的劳动力人口，本来被分类为非劳动力人口的人又被计算到劳动力人口当中了，** "女性活跃""一亿总活跃"就源自这样的政策。

· 失业率过低的国家——日本

　　失业者被归类到"劳动力人口"中。按照 ILO 的定义来讲，就是那些被归类到劳动力人口中、没有就业、有就业意愿且从调查时间点开始上溯数周之内正在找工作的人，他们与劳动力人口的比率就是失业率。1973 年以后计测的年失业率，变动情况如图 7-7 所示：

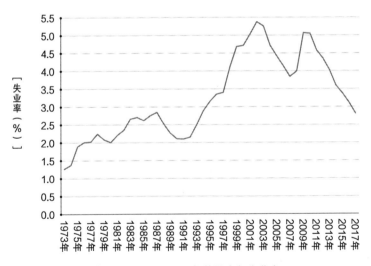

图 7-7　1973~2017 年的日本年失业率

（出处：日本总务省"劳动力调查"）

　　泡沫经济破灭以后，失业率逐年上升，2002 年最高上升到 5.4%，此后开始缓慢下降。由于 2008 年秋爆发的 "雷曼冲击"，2009 年失业率再度上升到 5.1%，此后又开始持续下降，一直下降到低于 3% 的水平。

低于 3% 的失业率，在国际上来看，处于相当低的水平。OECD 发布的 2017 年失业率的国际比较如图 7-8 所示：

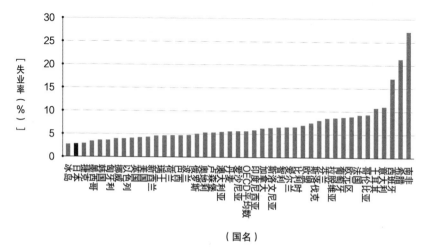

图 7-8　OECD 加盟国完全失业率比较
（出处：OECD 失业率）

国际比较的结果是，日本的失业率之低仅次于冰岛。由于国家不同，法律、习惯等各种各样的情况也不同，不能一概而论，但是，日本是失业率低的国家肯定是没错的。

有人指出，这是因为日本对解雇劳动者的规章制度非常严格，难以出现失业者。但是，根据 OECD 的调查，法国、芬兰和意大利的解雇规章制度比日本还严格，所以仅用 "难以辞退" 的理由难以说服大众。为什么与世界各国相比日本的失业率偏低？其中各种各样的原因过于错综复杂，是不能用一个理由解释清楚的。

· 使用了使失业率降低的技巧

不过，也有人认为，失业率为 3% 这一数字很奇怪。也有人提出了这样的批评：有些人实际上等同于失业状态，但劳动力调查却有意将就职活动期间设定得很短，让这些人被看作是非劳动力人口，通过发给补助把公司内部失业者视为就业者，**难道不是使用了技巧让数字变得好看才变成 3% 的吗？**

世界上其他地区也有人发出了这样的怀疑。2013 年 10 月，第 19 届国际劳动统计专家会议围绕"劳动力是否得到了充分的活用"展开了讨论，所谓的未活用劳动引发了人们的关注（参见图 7-9）。

图 7-9　关于未活用劳动的见解
（出处：日本厚生劳动省"劳动力调查"）

受到特别关注的是追加希望就职人口（A）和非劳动力中想工作但还没有开始找工作的潜在劳动力人口（C）。如果改变一下立场，包括 A 在内的多出来的那部分劳动力，包括 C 在内的真正的失业人员，两者都是此前被漏掉的隐性劳动力。

自 2018 年 5 月开始，日本政府不仅发布失业率指标 LU1，同时也发布了包括 A 的指标 LU2、包括 C 的指标 LU3 和两者都包括的 LU4。我们把这些指标也进行国际比较看看吧（参见表 7-1）。

表 7-1　主要国家的未活用劳动指标

	日本	韩国	英国	德国	法国	意大利	美国
未活用劳动指标（LU1）	2.7	4.3	4.2	3.5	9.2	11.2	4.3
未活用劳动指标（LU2）	5.3	6.5	8.6	6.5	14.2	14.0	7.6
未活用劳动指标（LU3）	3.3	10.1	6.7	5.6	12.3	20.5	5.3
未活用劳动指标（LU4）	5.9	12.2	11.0	8.5	17.2	22.9	8.5

（出处：日本厚生劳动省"劳动力调查"）

可以看出，韩国和意大利潜在的劳动力人口数量超过了失业者数。这是故意还是偶然并不清楚，但是，实际的失业率被隐瞒，肯定会给该国的劳动政策造成影响。

即使这样，通过与海外各国进行对比，日本的未活用劳动力数量也很少。也就是说，基本上没有多余出来的劳动力。

但是，这也未必就等于"真正的失业者数"很少。

〡〡〡〢〢〢〡〡〡 (本)(章)(总)(结)

我们再采用其他角度的数据看看。日本银行以所有规模的企业为对象，发布企业的雇用人员 DI，它是用回答"雇用状况过剩"的比率减去回答"不足"的比率得到的结果。也就是说，该结果比 0 小得越多，就意味着企业人手不足越严重。1974 年以后开始计测的该数据变动情况如图 7-10 所示：

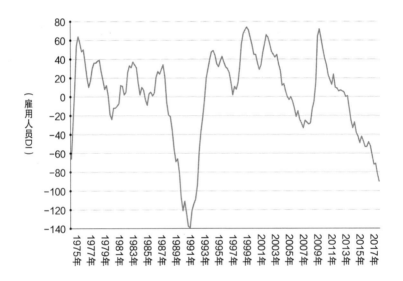

图 7-10　雇用人员 DI（全部规模企业）

（出处：日本银行"全国企业短期经济观测调查"）

21 世纪初，因雷曼冲击，雇用人员 DI 一下子转为很高的正值，但是，随后就开始持续下降，呈现出与失业率同样的趋势。

如果看看明细的话，就会发现它相当散乱。在雷曼冲击发生前直到 2017 年的 DI 变动中，下降幅度最大的行业与没有下降的行业表现出如图 7-11 所示的区别：

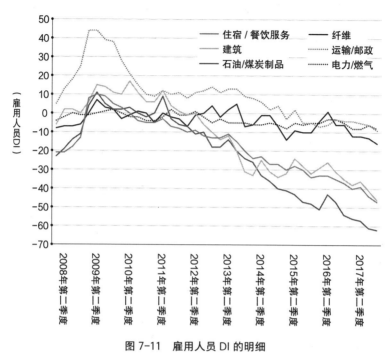

图 7-11　雇用人员 DI 的明细
（出处：日本银行"全国企业短期经济观测调查"）

　　下降幅度特别大的住宿 / 餐饮服务行业应该出现了人手不足的情况。另一方面，纤维、电力 / 燃气、石油 / 煤炭制品等行业 DI 虽然低于 0，但自雷曼冲击以后，基本都处于徘徊状态。也就是说，仅是特定行业出现了人手不足。

　　顺便看一下，雇用人员 DI 下降到负值的行业，其平均每周工作时间都呈现出减少的趋势（参见图 7-12）。2016 年与 2003 年相比，被认为人手不足最严重的住宿 / 餐饮行业平均每周工作时间减少了 6.8 个小时，而电力 / 燃气行业的平均每周工作时间基本上没有减少。

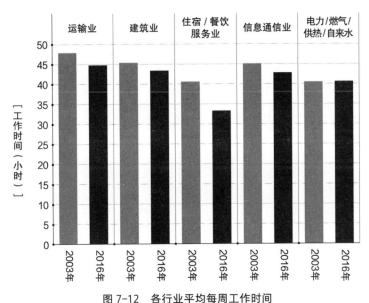

图 7-12　各行业平均每周工作时间
（出处：日本厚生劳动省"劳动力调查"）

　　我认为，可以用人们加强了对严酷劳动环境的批评这一理由解释劳动时间的减少。于是，作为人手不足的可能性之一，大家应该看到的是，并非人手不足，而是此前必须雇用 10 人的工作却只雇用 8 人来完成的做法出现了问题。如果要求所有企业都必须彻底遵守劳动法规，说不定招工人数还会出现明显增加。由于很难说是因为景气好转了才出现的人手不足，所以，工资很有可能难以上涨。

　　大家通常都会认为，企业要求雇用更多的劳动力等同于经济出现生机，但只要看一下数据，就知道这种看法对某些行业并不适用。在这种情况下，即使大家都说失业率很低，也未必会对劳动者有利。

　　经常听到有人问，如今这种状况对就职活动是有利还是不利？也有人认为，处于"卖方市场"的现在，应该更频繁地把自己"卖出去"才好。但实际上，与对照宏观指标追赶大趋势相比，不如找到一份自己想干的工作。那种做着自己不愿意干的工作还在勉强忍耐的人生，其乐趣究竟在哪里呢？

第8章

国外旅游、报纸、烟酒……说年轻人远离 × × 正确吗

了解"钱在远离年轻人"的现实

"年轻人远离汽车""年轻人远离旅游"等"年轻人远离××"这句话已经存在好久了。媒体指出，其原因在于年轻人对这些事物的意识减弱，但果真就是那样吗？

我的看法与此不同，其根源难道不是"钱在远离年轻人"吗？日本国税厅发布的 2016 年私企薪金实际状态统计调查发现，20~25 岁的年轻人平均年收入为 258 万日元。除了要支付房租和水电燃气费，有的人还需要返还读书期间的助学贷款，如果再加上多少还要有一些的储蓄，手头上能够随意使用的钱几乎就不剩什么了。

抱着"想买车""想去旅游"这种想法的年轻人肯定也有很多。但是，年轻人赚到的钱很少，汽车和旅游对年轻人来说犹如高山顶上的鲜花，可望而不可即。如今，仍然用经济不断增长时代的观念考虑事情的人会说"最近的年轻人没有梦想，没有欲望"，但这种说法让人感到厌烦。我们只希望"钱在远离年轻人"这句话能够让更多的人知道。

（2018 年 5 月 5 日《朝日新闻》）

·50 年前就有人说"年轻人远离××"

年轻人的消费意愿一减弱，马上就有老年人以一副目中无人的姿态发出"年轻人远离××"的指责，这种情景究竟是从什么时候开始出现的呢？

网络媒体 IT media 的调查发现，这句话最早出现在 1972 年第 8 期的《图书》杂志（岩波书店出版）刊载的一篇以**《我自身的国际图书年：年轻人远离铅字的罪魁祸首是教科书》**为题的报道中。我自己到国会图书馆做了调查，也得到了同样的结果，这篇报道就成为"年轻人远离××"的来源。

顺便把范围扩展到青年、少年和青少年看看，1968 年出版的《意识形态时代的黄昏》（Jerzy J. Wiatr 著）这本书中有《所说的青年远离意识形态》一节。如果这是翻译此书的阪东宏先生意译的话，那么可以推测，在 20 世纪 60 年代，"青少年（年轻人）远离××"就被人们说起了。

20 世纪 80 年代以后，在报纸和杂志等各种媒体上开始经常出现"年轻人远离××"的言论。这也远离，那也远离，远离过多反而搞不清楚到底在接近什么了。但我想说，**如果因为现在开始使用了某样东西，就认为今后还必须继续使用，那就大错特错了。**

终于，《朝日新闻》在其"回声"栏目燃起了反击的烽火："如今，仍然用经济不断增长时代的观念考虑事情的人会说'最近的年轻人没有梦想，没有欲望'，但这种说法让人感到厌烦。"他们还拿出私企薪金实际状态统计调查的数据作为证据："能够使用的钱很少，拿什么进行那样的消费。"他们使用"钱在远离年轻人"这句话予以反击。

不过，对处于苟延残喘状态、在萧条经济中苦苦挣扎的出版行业来说，"年轻人远离铅字"已经成为无可动摇的事实。这件事也一直被人们谈论着。

那么，所谓"年轻人远离××"，究竟是指什么现象呢？

· 用私企薪金实际状态统计调查来看年轻人的工资妥当吗

在深入挖掘"年轻人远离××"这一现象之前，这里先对"钱在远离年轻人"这一反驳稍微进行一下反驳。

要想看年轻人的工资情况，可以拿出国税厅的私企薪金实际状态统计调查，但其内容让人感到奇怪。

能够公开查到的与国民大体上的工资体系有关的数据主要有四种（参见表8-1）。其中，最常用的数据是"基本工资结构统计调查"。如果没有明确的理由，使用私企薪金实际状态统计调查难道不是很奇怪吗？

表 8-1　四种工资调查

基本工资结构统计调查	厚生劳动省	样本事业所数：78,095；样本劳动者数：约 168 万人

续表

每月领取报酬劳动调查	厚生劳动省	样本事业所数：约 33,000；样本劳动者数不详
私企薪金实际状态统计调查	国税厅	样本事业所数：27,916；样本劳动者数：312,309 人
各职业私企薪金实际状态调查	人事院	样本事业所数：12,367；样本劳动者数：约 53 万人

（出处：日本厚生劳动省、国税厅、人事院）

我之所以这样说，主要有以下两点原因：

一是样本数量的差别。通过表 8-1 的比较可以看出，基本工资结构统计调查的样本数量最多。这就意味着与劳动者的工资有关的数据首先要看基本工资结构统计调查。

二是调查对象的差别。由表 8-1 可以看到，对于每个事业所，基本工资结构调查要调查大约 22 名劳动者；与此相反，私企薪金实际状态统计调查大约仅调查 11 人，两者相差一倍。为什么呢？因为私企薪金实际状态调查并非只是调查劳动者，经营者和个人营业者也包括在调查对象里，并且，基本工资结构调查中并不包括的由 4 名以下的劳动者构成的事业所，也包括在私企薪金实际状态调查里。

换句话说，私企薪金实际状态调查得到的工资调查结果要比基本工资结构统计调查低一些。这并不是哪个才算正确的问题，而是因为调查目的不同，导致取得数据的对象不同。这与第 6 章相对贫困中的内容类似。

从上述两点原因来看，与拿出私企薪金实际状态统计调查，然后主张"年轻人的平均年收入仅为 258 万日元"相比，拿出基本工资结构统计调查，官僚好像会认真地听一听。顺便提一下，私企薪金实际状态调查对各种行业的每家事业所大约要调查 43 名劳动者，而且从一开始就知道其调查对象仅是那些大企业。

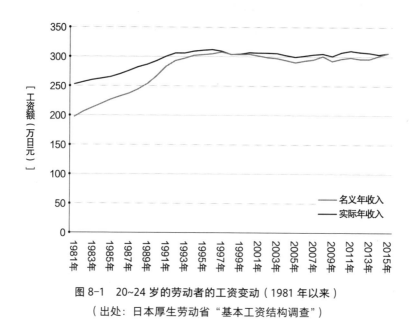

图 8-1　20~24 岁的劳动者的工资变动（1981 年以来）
（出处：日本厚生劳动省 "基本工资结构调查"）

　　根据基本工资结构统计调查，2017 年，20~24 岁劳动者的平均年收入为
314.9 万日元。明细里包括每月必然得到的现金薪酬 23.13 万日元，再加上
一年的奖金及其他特别薪酬共 37.36 万日元。**与私企薪金实际状态统计调查
相比，每年大约多出 60 万日元。**

　　自 1981 年以来工资的变动情况如图 8-1 所示。越是往前追溯就越有必
要考虑到通货膨胀等因素的影响，所以，名义年收入乘以居民消费价格指数
得到的实际年收入也在图中给出了。

　　由图 8-1 可知，20 世纪 90 年代以后的一大段时期里，实际年收入基本
上没有变化。2017 年，实际年收入和名义年收入终于都创下历史新高。这
27 年间，年轻人（20~24 岁）的实际工资基本上没有上涨。

　　可以说，"钱在远离年轻人"的状态已经持续了近 30 年，即使真的"钱
在远离"的情况也已经持续了 25 年了……

顺便把目光转向其他年龄段的人吧（参见图 8-2）。

30 多岁的人的实际年收入在 1998~2000 年达到顶点，2017 年与最高时相比下降了约 50 万日元；40~44 岁的人的实际年收入从 2008 年开始猛然下降，这 10 年间大约也下降了 50 万日元。

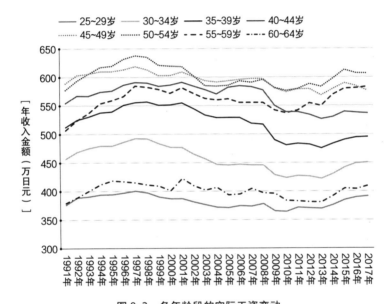

图 8-2　各年龄段的实际工资变动

（出处：日本厚生劳动省"基本工资结构调查"）

如果换个思路，不如说是 30~44 岁的人出现了"钱在远离"状态。

我不鼓励大家拿出某个时间点来讨论，也不要与他人比较是多还是少，因为这些都只不过是个人的感觉。要想用数字给出客观的说明，只能用某个时间点的数据进行相对比较，或者上溯过去的数据看相对的变动。这与"年轻人远离××"一样。下面拿出几个有名的"远离××"看看详细情况吧。

·纯属子虚乌有的"年轻人远离国外旅游"

　　有人说年轻人不去海外了，也有人洋洋自得地说："我在年轻的时候，手里捧着泽木耕太郎写的《深夜特急》去海外旅游。"

　　实际上，20多岁出国的人数在达到大约每年463万人的顶峰后开始减少，2016年大约减少了45%，为254万人。具体变动情况如图8-3所示：

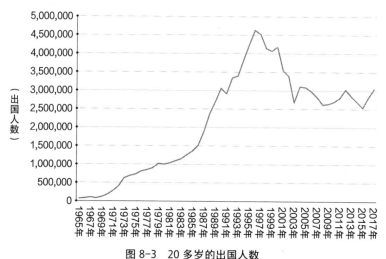

图 8-3　20 多岁的出国人数

（出处：日本法务省"出国入国管理统计"）

　　不过，泽木耕太郎先生的《深夜特急》的出版年份是1986年。即使与那个时候相比，还是2016年20多岁出国的人数更多一些，所以，**关于刚才**

讲的《深夜特急》一事，仅仅是年长者的"我们那个时候"的自夸而已。

顺便说一句，2017 年夏，我从符拉迪沃斯托克（海参崴）到莫斯科，沿着西伯利亚铁路"享受"了一次摇晃之旅。但是，别说作为年轻人，就连作为日本人，都没有人把我们这个旅行团计算在内。

正如从图 8-3 看出的那样，出国人数在 1996 年达到顶峰之后转为下降。不过，其理由不能一概而论地说是工资没有增加。由图 8-2、图 8-3 都可看出，**年轻人的实际工资自 1991 年以后就已经呈现徘徊状态，但出国人数却在持续增加。**

更简单地说，20 多岁的出国人数减少难道不是因为 20 多岁的人口数量减少了吗？图 8-4 给出了 1964~2017 年大约半个世纪的 20 多岁的人口数量的变动。

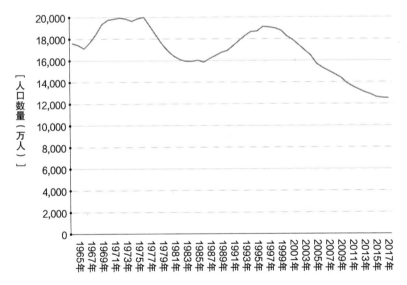

图 8-4　20 多岁人口数量的变动
（出处：日本总务省"人口统计"）

1976 年的大约 20,000 万人为顶峰，这是因为"70 后"一代的出生多少出现了一些人口泡沫，但随后开始持续下降，到 2017 年已经减少了 1,252

145

万人。从 1997 年开始的 20 年间大约下降了 650 万人，出国人数的减少难道
不是理所当然的事情吗？

那么，以 20 多岁的人口数量为分母，出国人数为分子，算出**每年 20 多
岁人口的出国比例**看看吧（参见图 8-5）。即使出国总人数里也包括一人一
年出国两三次的情况，但我认为大体上把握一下总体趋势也好。

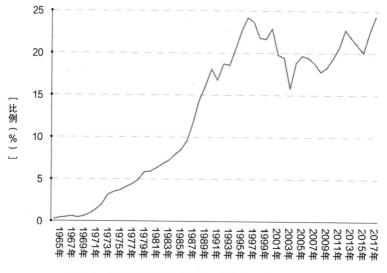

图 8-5　20 多岁出国人数占 20 多岁人口总数的比例
（出处：日本总务省"人口统计"）

2003 年，受非典型肺炎（SARS）和伊拉克战争的影响，日本出国人数
出现大幅下降，但是，2016 年的出国比例仍然达到 22.5%，大有接近以往最
高的 1996 年的 24.2% 的势头。

无论怎么看，好像都能够用少子化的影响来解释，所以，**说什么年轻人远
离海外旅游，都只不过是年长者严重的言过其实而已。**顺便看一下最近 10 年
20 多岁至 50 多岁各年龄段的人出国占比情况吧（参见图 8-6）。

由图 8-6 可以看出，2009 年以后，20 多岁的人出国占比甚至超过了其

他年龄段的人。

不如说远离海外旅游的是那些叔叔 / 阿姨们，不要总是怀念"过去我也曾经出国旅游过"，现在就出发吧。

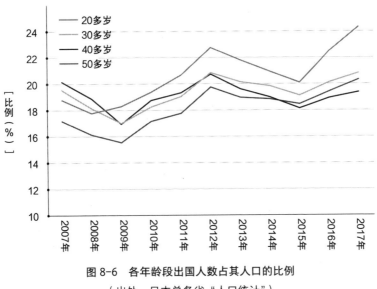

图 8-6　各年龄段出国人数占其人口的比例

（出处：日本总务省"人口统计"）

· 不能嘲笑"远离报纸"的年轻一代

接下来看一下"年轻人远离报纸"吧。年轻人被认为不读报纸了，但是究竟有多少年轻人远离报纸了呢？

能够作为参考的是 NHK 广播文化研究所每 5 年实施一次的国民生活时间调查。根据该项调查就可以了解 20 多岁的年轻人中阅读报纸的人占多大比例。上溯到 1995 年，近 20 年来的变动情况如图 8-7 所示：

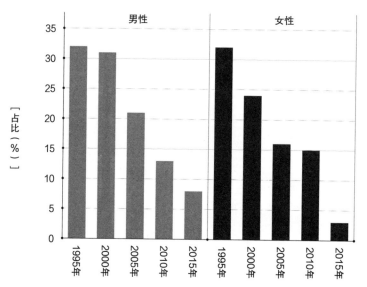

图 8-7　20 多岁的人中阅读报纸行为的人占比（平日）

（出处：NHK 广播文化研究所）

阅读报纸的人所占的比例，1995~2000 年处在 20%~30% 的水平上，但在这之后逐年减少。近 20 年间，阅读报纸的 20 多岁的男性由 32% 下降到 8%，阅读报纸的 20 多岁的女性由 32% 下降到 3%。这种减少趋势即使在周六、周日也没有多大变化。

虽然因为少子化，日本年轻人的人口数量在不断下降，但近 20 年间具有阅读报纸习惯的年轻人减少了 20%~30%，当然会给报纸行业带来重大影响。

那么，因这件事情就可以说"年轻人远离报纸"了吗？把目光转向其他年龄段看看吧（参见图 8-8）。

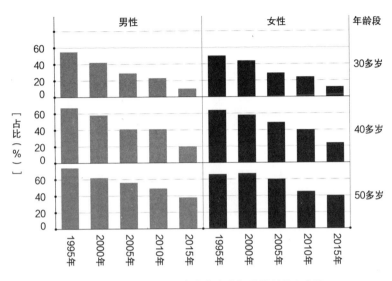

图 8-8 30 多岁至 50 多岁的人中阅读报纸的人占比

（出处：NHK 广播文化研究所）

近 20 年间，阅读报纸的 30 多岁的男性占比由 55% 下降到 10%，女性由 50% 下降到 12%；阅读报纸的 40 多岁男性由 67% 下降到 20%，女性由 64% 下降到 24%。与 20 多岁的人一样，这种趋势即使在周六、周日也没有多大变化。这两个年龄段阅读报纸的人数减少程度都超过了 20 多岁的男性和女性。

本来有些人说 20 多岁的年轻人占比下降了，但实际上，30 多岁至 50 多岁的人占比下降幅度更大。即使是与其他年龄段的人相比，年轻人也许早些远离报纸，但至少在这 20 年间，**叔叔 / 阿姨们远离报纸的趋势更为严重。**谈论最近的年轻人不读报纸的叔叔 / 阿姨们也已经不再读报纸了。

不过，如果问 20 多岁的人"在读报纸吗"，有一大半的人会回答"在读"。不过，不是用纸来读，而是浏览新闻在线和雅虎首页上的新闻。那些新闻并非各家媒体独自取材制作的，而是由各家报社上传的。

也许是因为各家媒体早早地就放弃了用网络来赚钱，所以才导致了"所有人都远离报纸"的结果。

·不仅年轻人，所有男性都在远离烟酒

　　最后看一下年轻人远离烟酒的情况。过去一边喝着洋酒一边吸着香烟的人看起来好像很潇洒，但如今人们都开始讨厌烟酒的臭味。对有些人来说，烟酒也许已经成为"过去的臭昭和"的代名词。

　　国民健康／营养调查是从 1992 年开始对"饮酒习惯"进行调查的。截至 2016 年，养成了每周 3 天以上、每天 100 毫升（即 2 两）以上这种喝酒习惯的 20 多岁的人的变动情况如图 8-9 所示：

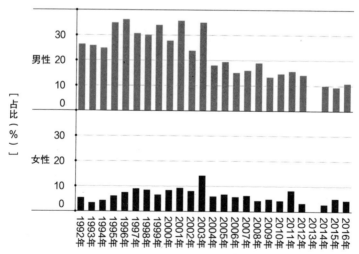

图 8-9　20 多岁的人的饮酒习惯
（出处：日本厚生劳动省"国民健康／营养调查"）

看起来 20 多岁的人的饮酒习惯好像是从 2004 年开始明显下降的，但也能看出 2001 年和 2003 年分别与上一年相比明显增加。样本数为 300~500 人，所以，可以考虑有 3%~5% 的误差。去掉误差来看，女性基本上没有多大变化，男性由 30% 左右下降到 10% 左右。

顺便提一下，2013 年的数据出现缺失。要想把握时间顺序的变动必须要有这一年的数据，希望大家对此予以谅解。

那么，其他年龄段呈现出怎么样的变动呢？请看图 8-10 吧。30 多岁有饮酒习惯的男性由 60% 左右下降到 25% 左右，40 多岁的由 60% 左右下降到 45% 左右，均出现了较大幅度的下降。另一方面，40 多岁和 50 多岁的女性养成饮酒习惯的人反而比原来增多了。

也就是说，**与其说年轻人远离饮酒，不如说是男性远离饮酒**。这样表达难道不是更准确吗？

吸烟的情况怎么样呢？下面看一下在 20 多岁至 50 多岁的人中，最近一个月每天都在吸烟，或者时常吸烟的人的占比情况吧（参见图 8-11）。

虽然吸烟习惯的占比没有饮酒习惯下降的幅度大，但是，20 多岁的人大约下降了一半，30 多岁、40 多岁的人也各自下降了 1/3 左右。可以看出男性正在远离烟酒。

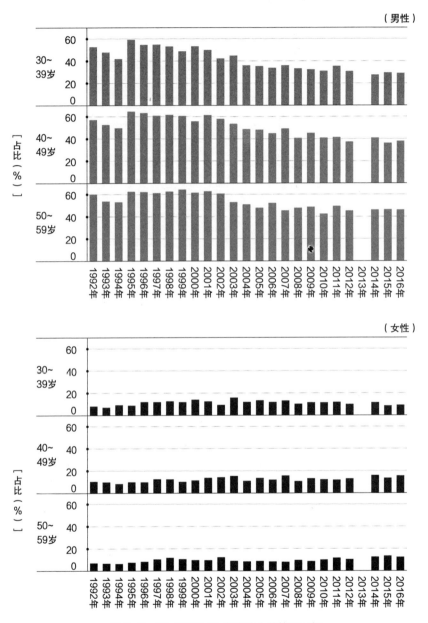

图 8-10　30 多岁至 50 多岁的人的饮酒习惯

（出处：日本厚生劳动省"国民健康／营养调查"）

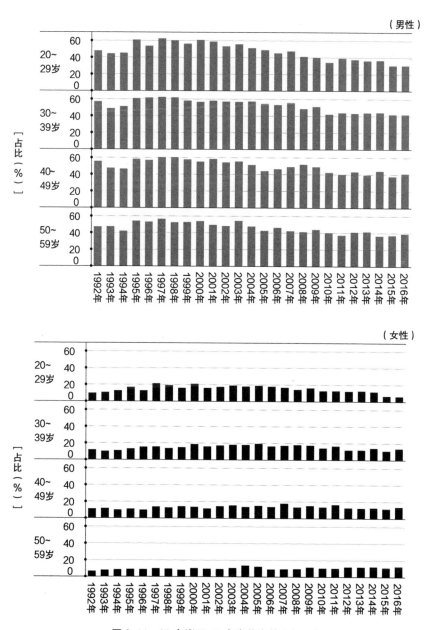

图 8-11　20 多岁至 50 多岁的人的吸烟习惯

（出处：日本厚生劳动省"国民健康／营养调查"）

ⅠⅠⅠⅠⅠⅠ 本章总结

　　除了上述现象之外，还有非常多的现象也被说成"年轻人远离××"。其实，不仅年轻人，其他年龄段的人的占比也在减少，或者只是人数减少，占比并没有变化。其中也有从实际占比看出现了下降的情况，但我认为那种情况极少。

　　只要是好好看一下数字就会搞清楚的事情，却被一些人极其随意地贴上了"年轻人远离××"的标签，可见这些人对年轻人抱着多么大的偏见啊。

第 9 章

为了防止全球变暖，我们如今能做些什么

樱花看不见了?! 因气候变暖开花机制出现异常

在毕业典礼和入学典礼所在的季节,装点考试成绩发布的"樱花"出现了异常,开花日期逐年提前。今年的关东,3月中旬樱花就开始开花了,各地的赏花活动不得不提前或者中止,大多数人对此记忆犹新。关于其原因,专家们异口同声地说,是樱花的开花机制受到了全球变暖的影响。据说,如果开花提前的趋势不能遏制,在不远的将来,有些地方就看不到樱花了。

（2018 年 5 月 15 日《产经新闻》）

联合国预测,即使实现温室气体排放削减目标,到 21 世纪末气温也会上升 3℃,依赖煤炭火力发电的日本被点名

联合国环境规划署在 1 日以前发布了含有下述警告的报告:即使世界各国实现了各自提出的削减温室气体排放的目标,地球仍会继续变暖,到 21 世纪末气温将会上升 3℃,有可能发生非常严重的灾害。该报告强调了政府及企业和自治体尽快加大对策力度的重要性,日本作为仍在推进煤炭火力发电、排放量依然很多的国家也被点名。

（2017 年 11 月 1 日《每日新闻》）

· 给地球环境造成破坏性影响的全球变暖

在地球上生活的我们，为了防止地球进一步变暖，到底能够做些什么呢？如果个人加强这一方面的意识，全球变暖问题就能得到解决吗？还是事态已经严重到国家不做出什么规章制度就解决不了的程度了？

对我自己来说，虽然听到全球变暖的事态很严重，但是真的不知道已经具体严重到什么程度了。或许是我们都只是在听专家们说"全球变暖"，自己却什么也不知道，就与专家们保持同一步调，也认为"很严重"。

因此，让我们回头看一下事态的严重程度吧。

说起来大家都知道，自地球诞生以来，全球变暖和全球变冷像周期一样持续地出现。也就是说，变暖这件事以前也发生过。

20 世纪以后全球变暖明显，**一般认为是人们排放的温室气体过多而引发的**。也就是说，**如果人们不改变如今的生活方式，气温将持续升高，有可能给地球环境带来破坏性的影响**，因此，如今的全球变暖才被看作是个问题。

作为破坏性影响的例子，人们列举的是海平面上升、对水循环的影响、对生态系统的影响，以及由此带来的粮食短缺等。专家们指出，与预期相比，只要气候出现一点变动，就很可能带来各种各样的后果。

·"全球变冷"和"全球变暖"哪个正确

那么，认为如今的全球变暖是个问题是从什么时候开始的呢？

虽然难以确定准确的开始时间，但一般认为，人们是在科学技术持续进步的 20 世纪 70 年代，对地球大气的理解加深之后，才认识到这是个深刻的问题的。

实际上，**在那之前的定论是"全球变冷"**。1940~1970 年，地球的气温呈现下降趋势，气候学会的共同认识是，在数千年以内冰河期就要到来。但是，自 20 世纪 70 年代后半期开始，因二氧化碳过量排放导致的温室效应开始增强，地球的气候正在变暖。关于这一内容的论文纷纷发表，围绕着全球气候的变化趋势，两种观点展开了激烈的争论。

1979 年 2 月，世界气象组织在日内瓦举办世界气候大会，会议提出，世界各国应该加大对气候变化的研究。不久，进入 20 世纪 80 年代，地球的气温转为上升趋势，这难道不是说明全球变暖才是正确的吗？于是，这一主张逐渐占据了上风。

并且，1985 年 10 月，在奥地利的菲拉赫（Villach）召开了关于全球变暖的国际会议，以此次大会为契机，二氧化碳导致全球变暖的问题引发了世界各国的广泛关注。

也就是说，**从敲响全球变暖的警钟到现在，才过去 30 年左右。**

· 即使不用地球所有地点的气温数据也能看出偏差

实际上，地球究竟变暖到了什么程度？根据气象厅提供的数据可以看出，世界的平均气温在 1891~2017 年间呈现出如图 9-1 所示的变化。

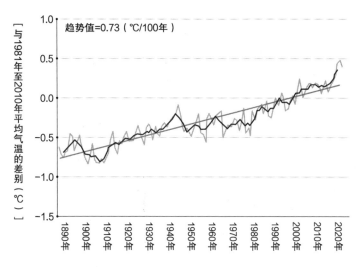

图 9-1　世界年平均气温偏差（1981~2010 年平均基准）
（出处：日本气象厅"世界的年平均气温"）

可以推测得知，经过 120 年，气温大约升高了 0.8℃。即使被说成大约上升了 1℃，或许人们也难以理解，这会给地球带来多么沉重的负担。

顺便说一下，这里的"偏差"（与成为比较基准的 1981~2010 年平均值的差）并非实际的数值。为什么不是实际的数值？发布数据的气象厅给出两个理由，一是难以算出正确的世界年平均气温，二是在观测全球变暖和气候变化方面，气温本身没有多大意义。

实际上，每个都、道、府、县的气温观测地点仅为有限的几个，即使气象厅把观测到的所有数据汇总并计算出平均值，也很难说该结果就代表了日本的平均气温。再加上要想了解是否变暖与知道现在是几度相比，知道上升了几度更重要，所以，的确是知道了偏差就足够了。**不用追求现实中难以准确观测到的数据，只利用仅有的数据就能足够了解气候的变化。**

由图 9-1 的变化趋势可以看出，20 世纪 40 年代以后的一段时间内，平均气温偏差持续徘徊，从 20 世纪 70 年代后半期开始又转为上升的趋势。

21 世纪 10 年代以后，平均气温偏差呈现出加速上升的势头。防止全球变暖观点的提出已经快要过去 30 年了，反而没有看出气温停止上升的倾向，这究竟是什么原因呢？

· 利用回归分析验证大阪的变暖

这次看看个别地方的数据吧。

首先，看看我的故乡大阪的月平均气温（参见图 9-2）。相关数据从 1883 年 1 月就有了。让我们来看一下从那时起到 2017 年 12 月的 1,620 个月、135 年的变化吧。

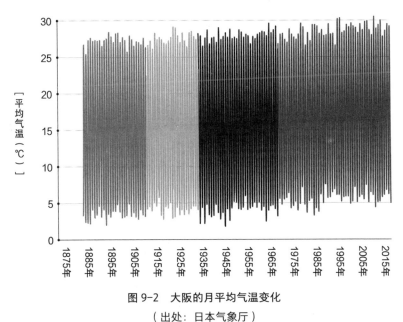

图 9-2　大阪的月平均气温变化
（出处：日本气象厅）

中间折线图的颜色出现了变化，意味着气温的计测环境发生了变化。对此，气象厅也给出了**"在进行比较的时候要注意"**的提醒，也就是不能一概地进行比较。虽然都是在大阪，但完全不是同样的环境，所以会出现微妙的变化。要带着这样的前提条件观察数据。

如果这样对照着看，也可以看出气温好像是在上升。所以，**把月平均气温合并计算出年平均值看看**。不过，由于 1910 年、1933 年和 1968 年计测环境发生了变化，所以我们把这 3 个年份去除（参见图 9-3）。

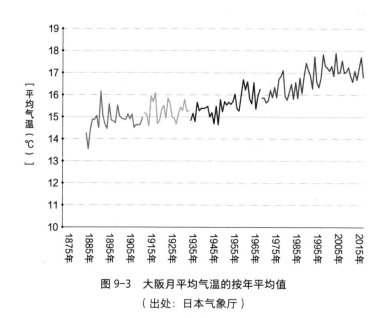

图 9-3　大阪月平均气温的按年平均值

（出处：日本气象厅）

用大约 135 年的超长期的视角来看气温的变动，虽然中间也有徘徊时期，但大体上升高了 2~3℃，特别是在 20 世纪 60 年代后半期及之后，可以看出平均气温在快速上升。

因此，我们以有了数据连贯性的 1969~2017 年间的数据为基础，进行回归分析看看。

所谓回归分析，就是一种将某些数据制作成模型（用数学公式来表现），再利用某些数据预测别的数据的分析方法。如果用数学公式表示，就可以写为 Y=aX ＋ b，这就是模型。

例如，制作出的模型是 Y=2X ＋ 2，如果某个模型 X 值是 3，就能够预测这个模型的 Y 值是 8；如果某个模型的 X 的值是 4，就能够预测这个模型的 Y 值是 10。

那么，1969~2017 年间的数据会是怎样的呢？可以画出如图 9-4 所示的直线。

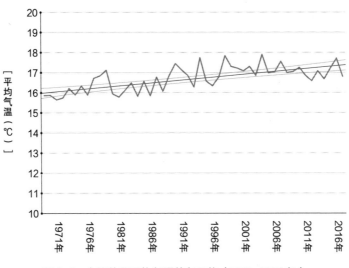

图 9-4　大阪的月平均气温按年平均（1969~2017 年）

（出处：日本气象厅）

可以看出气温出现逐年略有上升的趋势，最接近这一趋势的模型可以用直线表现出来。

但是，围绕这条直线或升或降，有些年份与趋势不太一致。例如，1990年的平均气温与作为模型画出的直线所表示的气温相比要高出一些。回归分析会出现这样的误差。也就是说，回归分析的预测未必百分之百准确，可以理解为：这条直线充其量是与表现出 48 年的趋势相符的模型。这条直线的模型如下：

大阪的月平均气温的年平均值 =0.03 ×（从 1969 年开始的第几年）+ 15.99

以 1969 年为基准，就知道气温变化的趋势是平均每年上升 0.03℃，大约 33 年上升 1℃。对照图 9-1，得出了气温上升速度稍微有些过快的结论。

出现这样的结论也许有奇怪的原因，例如，被称为热岛现象的地表遮盖物的人为改变，人为排热的增多和都市的高密度化等带来的影响。也许并非是全球变暖，而是计测气温的环境周边变热了。

另外一个值得注意的现象，从图 9-2 折线图的变动趋势可以看出，看上去月平均最高气温几乎没有什么变化，但月平均最低气温却一点点地上移。也就是说，看上去冷暖气温差的幅度好像在收窄。

· 最高数值相同最低数值上升，平均值就会上升

说起来，月平均气温这一数字很可疑。从一天之内的气温变化来看，气温处于白昼升高、黑夜降低的循环之中。如果把每天的最低气温和最高气温都笼统地用一天的平均气温来表现，那么即使最高气温不上升，最低气温上升，也等同于平均气温上升了。

平均气温是评估全球变暖的准确指标吗？

不要用月平均气温按年平均值，而是求出"一天的最低、最高气温的月平均值"的年平均值来看看，结果呈现出如图 9-5 所示的变化。

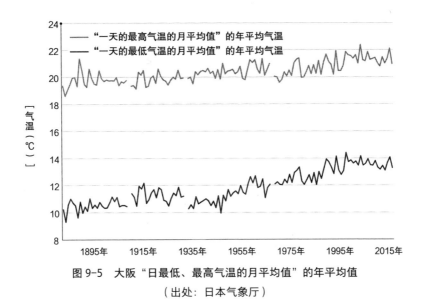

图 9-5　大阪 "日最低、最高气温的月平均值" 的年平均值

（出处：日本气象厅）

由图 9-5 可以看出，从 20 世纪 50 年代下半叶开始，最高气温持续处于 21℃ 左右，到 2004 年首次超过 22℃。也就是说，最高气温用了大约 50 年的时间上升了 1℃。

同样，最低气温也是从 20 世纪 50 年代下半叶的 11℃ 持续上升，到 1994 年突破 14℃，此后或升或降反反复复。也就是说，最低气温用了 40 年的时间上升了 3℃。

如果将最低气温和最高气温分开来看，可以做出这样的推测：**并非变热了，而是变得不冷了**。同理，没有变冷，不能就此断定在变暖。

"用了大约 120 年的时间大约变热了 0.8℃"，虽然可以这样表达，但好像并不是全天 24 小时都变热了 0.8℃。

这个假设正确与否，看看别的地方吧。

·日本并非变热了，而是变冷了

参照哪个地方最合适呢？考虑到以 100 年的时长计测温度，好像还是变化比较小的地方更合适。

实际上，日本气象厅在求出"日本的年平均气温偏差"的时候，是参照设置在日本 15 个地区的观测所的数据制作而成的。这 15 个地区分别是：网走、根室、寿都、山形、石卷、伏木、饭田、铫子、境、浜田、彦根、宫崎、多度津、名濑、石垣岛。

这些地区是从长期持续观测的观测所中，根据受城市化影响比较小、不偏向某一特定地区的角度选出的。

各自求出"日最低、最高气温的月平均值"的年平均值，在计测环境发生变化的情况下，根据最近气温的变化进行回归分析。各自得出的结果请参见表 9-1。

可以看出，在 15 个地区之中，除石卷之外的 14 个地区都是最低气温比最高气温上升幅度大。其中，网走、根室、山形、彦根、名濑和石垣岛这 6 个地区的最低气温的上升幅度超过了最高气温上升幅度的 2 倍。

表 9-1　日本 15 个地区的"日最低、最高气温的月平均值"的年平均值的回归分析

地点	日最低年平均值	日最高年平均值
北海道 网走（1890~2017）	0.014X+1.42	0.006X+9.66
北海道 根室（1880~2017）	0.015X+1.48	0.000X+9.21
北海道 寿都（1885~2017）	0.007X+4.85	0.006X+11.00
山形县 山形（1890~2017）	0.017X+5.45	0.005X+15.96
宫崎县 石卷（1888~2017）	0.008X+7.13	0.009X+14.57
富山县 伏木（1888~2017）	0.011X+9.20	0.010X+16.91
长野县 饭田（1898~2001）	0.014X+6.25	0.009X+17.92
千叶县 铫子（1898~2001）	0.013X+11.30	0.011X+17.46
岛根县 境（1883~2017）	0.013X+9.82	0.012X+18.03
岛根县 浜田（1893~2017）	0.013X+10.41	0.010X+18.31
滋贺县 彦根（1894~2017）	0.018X+9.13	0.00X+17.95
宫崎县 宫崎（1886~1999）	0.013X+11.60	0.007X+21.38
香川县 多度津（1893~2017）	0.015X+10.96	0.012X+18.97
鹿儿岛县 名濑（1897~2007）	0.013X+17.45	0.006X+24.40
冲绳县 石垣岛（1897~2007）	0.022X+19.88	0.006X+26.28

注：X= 各自的调查期间的第几年

（出处：日本气象厅）

也就是说，即使全球变暖，也并非指全球变热了，而是变得不冷了，这一假设从某种程度上来说可以被认为是正确的。

但是，我认为，仅凭这一结果就说"全球变暖乃言过其实"并不准确。并且，如果一天的冷暖气温差就像现在这样一点一点地缩小，将来会发生什么？谁也不能给出准确的解答。对农作物的影响还能够比较容易地想象出来，但除此之外还会有各种各样的影响难以预测。

本章总结

　　笼统一点说，地球拥有降温力和升温力。地球曾多次反复出现的变冷和变暖现象，都可以被认为是这两种力量失衡导致的。

　　请想象一下用强大火力加热的中式炒菜锅，离开火力并放置片刻，炒锅就会变凉，就可以用手去触摸了。这种现象被称为"辐射降温"，就是用向周围放出电磁波的方式降温。

　　当然，地球也会出现这种现象，气温的变化也可以用辐射降温来解释。清晨，太阳升起，阳光使地表升温，恰似使用强大火力加热炒锅。虽然地球的地表也会通过辐射降温驱散热量，但是，由于从太阳那里发出的热量过多，热量被收拢在大气中。太阳西沉，从地表辐射出来的热量得以逃逸，到了夜晚，气温就会下降。

　　假如没有来自太阳的热量，据说地球的气温将会变为零下18℃左右。实际上地球的气温约为15℃，所以被加热了大约30℃。换言之，导致全球变暖的温室气体妨碍了地球的辐射降温。温室气体攫取了来自地表的辐射之后，将辐射面向全方位再次发出，包括向宇宙辐射，有时也会重回地表。这就是全球变暖的主要原因。

　　在本章的开头讲到了温室气体的增多，并非说它本身致使全球变暖，而是说它妨碍了地球降温能力的发挥。因此，与最高气温上升的幅度相比，最低气温上升的幅度更大，这样的表达或许会让科学家们也有"也许是那样"的感觉。

　　顺便提一下，围绕全球变暖这一问题，本章所列举的围绕气温的踏踏实实的计测是最基本的做法，但是，进入21世纪以后，话题变得稍微复杂起来。

理论物理学家弗里曼·戴森（Freeman Dyson）和诺贝尔奖得主伊瓦尔·贾埃弗（Ivar Giaever）等多位科学家对气候变化问题提出了异议，认为目前的状况"并非科学，正在向宗教转化"。人们好像都在顶着"全球变暖不容怀疑"这样一种难以言状的压力。

第10章

限糖减肥的结果和数据的对比

过瘦的危险，了解减肥

实际上，如今世界各国的人们对于"过瘦"是否会带来危险的担心不断增加。特别是那些年轻女性，由于过度减肥引发月经失调，将来还很有可能对怀孕生育造成影响，除此之外，据说还很有可能引发厌食症和过食症。

今年 5 月，法国政府通过法律对过瘦的模特做出限制性规定。9 月，国外某家著名品牌服装公司发布了在开展时装秀时不聘用过瘦的模特的原则。

（2017 年 11 月 30 日《读卖中学生新闻》）

掌握一些健康要领吧

每天都有各种各样的媒体发出与健康和医疗有关的信息。感到身体有些不适便立即上网检索，并对症状和病情进行调查的人不断增多。但由于信息量过大，哪些才是真正让人信得过的信息？对此一无所知的人难道不是也有不少吗？从另一方面来看，毫无根据地盲信一条信息也是非常危险的。

（2018 年 4 月 8 日《每日新闻》）

· 如果真想瘦下来，要掌握正确的数据

你想瘦下来吗？

听到这样的提问，回答"不想"的人，估计都是那些骨瘦如柴反倒想胖起来的人吧。就连那些不胖不瘦的人都会给出"想瘦下来"的回答。我认为，这就是现代大多数人都具有的共同想法。

人为什么想瘦下来呢？

是为了健康吗？实际上，专家的研究已经对此有了明确的结论，太胖固然不好，但是，太瘦也不是好事。对那些上了岁数的人来说，与体重较胖的人相比，较瘦的人死亡率反而更高一些。

那么，减肥是为了看起来舒服吗？属于丰满体型的渡边直美和松子·德拉克斯（松井贵博）等，充分利用自己的体型特点活跃在各种场合。体型丰满且看上去很漂亮的人也有很多。

可能的结果是，并非所有人都真想瘦下来，而只是为了与别人保持同一个语调，在口头上说说而已，其实也并没有怎么想要瘦下来。

把自己的体重分解为脂肪重量和除去脂肪之外的重量，目前分别是多少千克？应该分别减到多少千克？如果真的想瘦下来，那就要很好地把握这些数据。掌握正确的知识很重要。

我本人从 2015 年 10 月开始，用了 1 年零 3 个月的时间参与了 RIZAP

公司（日本健康集团有限公司旗下的子品牌，主要以塑身、减肥、美体事业为主）的健身减肥项目，将体重从最重时的接近 84 千克成功减到大约 66 千克。我在家里测量的体重的变动如图 10-1 所示：

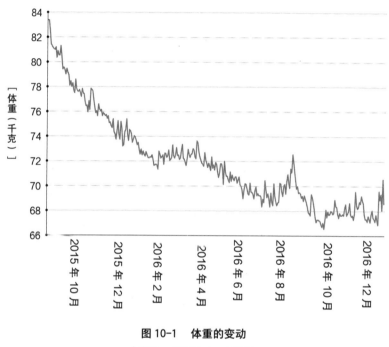

图 10-1　体重的变动

（出处：作者本人，下同）

　　减肥之前，人们都说我的体型很像收监之前的堀江贵文。成功减肥之后，减肥以前的衣服都不合身了，所有的衣服都被换掉了，可以说实现了戏剧性的变身。

　　我是怎么瘦下来的呢？把数据转换到减肥之前看看吧。为了慎重起见，顺便提一下，这一章绝对不是 RIZAP 公司私下里花钱收买我来写下的。

· 身体脂肪率只是统计上的推测值

大家在测量体重和身体脂肪率时，大都使用家里的体重计吧。很多人都有这样的经历——偶然使用在健身房里配备的器具测量的身体脂肪率要比在家里测量的低一些。"哦，瘦了！"于是情绪一下子高涨起来。

其实那是一个很大的误解。市面上销售的身体脂肪率测定仪器并不是直接测量使用者的身体脂肪本身的，它所用的测量方法被称为阻抗法，仅仅测量身体的"电阻抗"。

这一方法利用了脂肪不容易导电、肌肉容易导电的特性。**根据事先输入的性别和体重，再根据通过的电流大小就可以得知身体脂肪率。**也就是说，它仅仅把统计上的推测值作为大致的标准表示出来而已。

众所周知，水容易导电，油不容易导电。身体脂肪率因体内水分含量高了 2%~3% 还是低了 2%~3% 而发生改变。早晨刚起床时测量与刚吃过晚饭时测量相比较，即使结果出现了 5% 左右的差别，也没有必要大惊小怪。也可以说，使用的计测仪器越便宜，身体脂肪率的波动幅度越大。

顺便提一下，我本人在参与 RIZAP 项目期间，每天既在家里测量体重，也利用 RIZAP 店铺里配备的价格非常昂贵的仪器测量体重。虽然两种测量结果在开始没有多大的差别（参见图 10-2），但是，在减肥进入中间阶段之后，身体脂肪率的测量结果开始出现了较大的差别（参见图 10-3）。

图 10-2　在自己家里和在 RIZAP 公司分别计测的体重变化

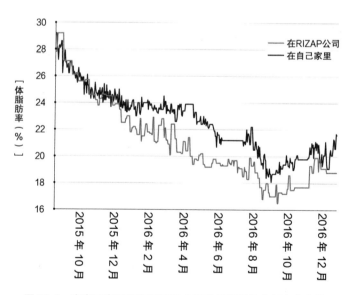

图 10-3　在自己家里和在 RIZAP 公司分别测算的体脂率的变化

假如真想减肥，还是从选择体重计开始为好，选择的标准在于身体脂肪率的测量能有多精确。不过，精确度低的体重计并不一定就不好，利用它来掌握体重的变动趋势才是最重要的。大家根据自己的收入情况购买体重计就足够了。

· 减肥效果应该通过相对比较来看

根据我自己 1 年零 3 个月的体重变动情况可以看出，最初能快速看到减肥的效果，但体重下降的幅度逐渐变小。那是必然的，因为 85 千克的人减掉 1 千克，与 70 千克的人减掉 1 千克，两者的意义是不同的。

也就是说，**减肥不应通过绝对比较来看，而应该通过相对比较来看。**

通过今天的体重与昨天相比减掉了多少百分比来看，结果呈现出如图 10-4 所示的变动趋势。

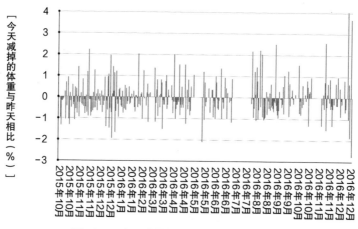

图 10-4 今天减掉的体重占昨天体重的比例

由图 10-4 可以看出，今天减掉的体重占昨天体重的比例上下变动幅度相当大，大约为上下各 2% 左右。2016 年的最后一周，其上下变动幅度分别扩大到 4% 左右。这是赶上年末年初的假期，再加上暴饮暴食的缘故。不过这个 4% 的变动幅度，还是对我造成了不小的冲击。

体重的测量结果受到各种因素的影响，比如，体重是在什么时候测量的、昨天吃了什么、是否排出大便等。我参与 RIZAP 项目，激励自己积极投身于艰苦的肉体改造之中，即便如此，有一段时间就连 0.1 千克都没瘦下来。虽然最后体重的确是降下来了，但是，从与前一天的比较中好像难以看出变化趋势。

·为了避免一喜一忧，建议采用移动平均法

　　为了看到不受这种误差影响的"中期"趋势，可以使用移动平均方法消除"短期"趋势看看。

　　所谓移动平均法，简单来说，是指确定一定的区间（期间），一边错移范围一边算出平均数，剔除规则性变动因素和不规则性变动因素的影响，让变动"平滑"的方法。特别是金融和气象等领域经常要用到这个方法。对进行股票投资的人来说，"×日移动平均"更应该是再熟悉不过的方法了。

　　例如，对于图 10-5 所示的以天为单位的数据，如果把它看作一个星期的话，就会看出数据分布不均。要想消除这种以天为单位的大小偏差，首先要求出一个星期的平均值，然后一天一天将范围错移，最后求出每 7 天的平均值。这样就能够消除一个星期里出现的变动因素。

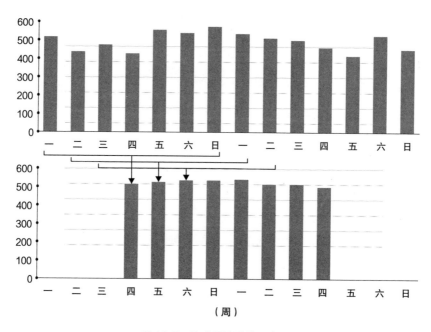

图 10-5　移动平均法的示意图

几天一平均才好？这要根据不同的数据情况而定。以本章所讲的减肥为例，因为其变动因素并不明确，姑且以一个星期，也就是每 7 天移动平均看一下变动趋势。

从测量那一天开始上溯 7 天的平均体重，与从前一天开始上溯 7 天的平均体重相比较下降了多少？来看一下这一比例的变动情况吧，结果显示出如图 10-6 所示的趋势。

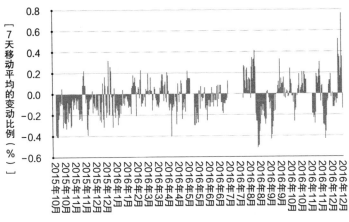

图 10-6　与 7 天移动平均的结果相比体重下降的比例

从图中很容易看出体重比较集中的下降出现在哪个阶段。俯瞰一下整体情况，就知道下降的比例并没有出现大的差别，因此也就没有必要为此而惊慌。

接下来，同样以 7 天移动平均看一下身体脂肪率的变动情况。可以说体重的变化和身体脂肪率的变化基本上呈现了相同的趋势。图 10-7 是我特意做出的变动趋势图，请看看我努力的证明吧。

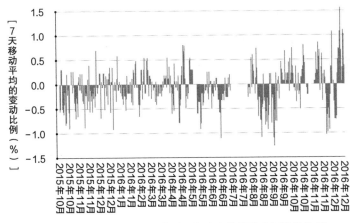

图 10-7　与 7 天移动平均的结果相比身体脂肪率下降的比例

与体重的变化相同，身体脂肪率在趋势上没有出现较大的变动，可以看出它在持续下降。

这样来看，就能知道体重下降的比例没有出现大的变化。用中期趋势来看，多喝了一些水，或者今天还没有排便，这些事情都会导致误差。为了不被误差迷惑，以移动平均来观测体重的下降情况会更好。

· 计算基础代谢，防止掉进饥饿状态的恶性循环

"昨天与前天相比体重减少了 200 克""不知为什么今天比昨天增加了 100 克"。相对于体重的一增一减，人们开始对测量体重的仪器的精准度变得不太在意，或者不愿再去了解发胖的原理。**在那些减肥的人中很容易出现这样的风潮：不管怎样，只要看到数字就好。**

我在参与 RIZAP 项目之前也曾经有过几次减肥的经历，但是，回过头再去看那些时候的数据才发现，虽然那时的体重降下来了，但实际上仅仅是肌肉分量减少了，脂肪并没有减少多少。

这样的减肥方法只能得到不好的结果。每天少吃一顿饭，或者用特定食物来代替米饭等控制饮食的说法，我认为都是"都市传说"。

在我看来，减肥要注意两点，一是每天摄取的能量不要低于基础代谢（光是一动不动就要消耗掉的能量）；二是为了增加每天消耗的能量，就要维持消耗大量能量的肌肉量。

顺便提一下，基础代谢的计算公式男女有别，请参考下面的公式（单位：千卡）。

男性：66 + 13.7 × **体重（千克）**+ 5.0 × **身高（厘米）**−6.8 × **年龄**

女性：665.1 + 9.6 × **体重（千克）**+ 1.7 × **身高（厘米）**−7.0 × **年龄**

* 哈里斯和本尼迪克特（Harris-Benedict）方程式（日本人版本）

在减肥的初始阶段，我把每天的基础代谢目标规定在 1,800 千卡。但是，在进行 RIZAP 训练之前，我每天过着不吃晚饭的生活。训练指导教师对我说："如果平均每天摄取的能量为 1,200 千卡左右，**身体也许会处于饥饿状态。不多吃一点是不行的。**"

所谓饥饿状态，是指只要摄取的能量持续低于基础代谢就会启动的身体状态。为了不被饿死，身体的活动量就会下降。一旦处于饥饿状态，具有燃烧脂肪能力的肌肉也难以发挥本来所具有的能力。**即使不吃饭也完全瘦不下来是有道理的。**当然，燃烧过多的脂肪也会导致身体机能的下降，所以，不能超过合理燃烧的数值。

再稍微详细地解释一下。

如果不能从外界摄取必要的糖分，身体就会从体内补充糖分。首先，身体会将肝脏里储存的糖原分解以补充糖分。如果这些都没有了，就进行糖新生（又称糖质新生）的代谢。顺便提一下，糖新生是以组成蛋白质的氨基酸为主材料之一合成糖的途径。这一作用机理称为自体吞噬或者自噬。大隅良典先生因长期从事于自噬的研究并取得重大突破，于 2016 年获得了诺贝尔生理学或医学奖。

但是，如果每天摄取的能量低于基础代谢所需的能量，并且持续这种状态，而体内的蛋白质也难以补充身体需求，身体就会把没有使用的肌肉分解成氨基酸以合成糖类。也就是说，肌肉减少了。

当然，**肌肉减少了，意味着其燃烧脂肪的能力也将下降。**这样一来，承受运动的肌肉减少了，运动量就会减少→消耗的能量就会减少→变成越来越难以减肥的身体→变成不吃饭也瘦不下来的身体→越着急越吃不下饭→肌肉越来越少……

· 即使限糖减肥，也必须保证每天摄入 50 克糖

为了避免陷入上述恶性循环，首先要注意稳定地摄取能量，且每天摄入的能量不能低于基础代谢所需。不过，要去除糖类。为什么呢？过度摄入糖类，血糖值就会上升，为了抑制血糖值的上升，身体就会分泌胰岛素，导致内藏脂肪不断蓄积，结果就会变得越来越胖。

这就是限糖减肥流行起来的原因。我认为，减肥的**正确表达并非瘦下来，而是难以胖起来。**

胰岛素分泌出来，就会把血液中的葡萄糖输送到肝脏，以糖原的形式蓄积起来，多余的部分就会变成中性脂肪蓄积在体内。这就是胰岛素被说成肥胖荷尔蒙的缘故。

换言之，如果减少糖类的摄取，血糖值的上升就会受到抑制，胰岛素的分泌也会受到抑制，内藏脂肪也就难以大量蓄积起来。如果体内的糖分不足，通过糖新生，糖被合成出来，这时也会出现中性脂肪被一起燃烧的效

果，正可谓一举两得。

通过以蛋白质和脂类为主的食物摄取足量的卡路里，才是限糖减肥的本质。如果仅从饭菜中去除米饭，也就是仅仅减少糖类，导致人体必需的卡路里不足，就会出现饥饿状态。

限糖减肥失败的人，大多数都是掉进这个陷阱里去了。虽然把米饭去掉了，但如果不增加两个菜是不行的。

听起来简单，可实际做起来非常难。为什么呢？一听到减少"糖"类的摄入，有人就认为仅控制甜的东西就可以了，但是，既有甜的糖（如白糖、果糖），也有不甜的糖（如淀粉），所以，减肥不是仅控制甜的食物就可以的。

在我参与 RIZAP 训练期间，虽然没有讲糖类食物绝对不能吃，但我还是尽量控制下来了。顺便提一下，在 RIZAP，要求限糖期间的碳水化合物的摄取量控制在每天 50 克以内。

我想请大家务必知道，我们说的限糖，不是指去除碳水化合物，或者摄入的糖类为 0 克的意思。而且，**从科学原理上来看，摄入的糖为 0 克是不可能的**。

严格控制糖类的摄入，可能会受到"人的大脑不能没有糖分的补充"这样的批评。但是，我自从参与 RIZAP 训练后，严格控制糖类摄入不但没有出现不良反应，反而让此前总是侵扰我的困意全无，非常快活。人的大脑需要糖分固然不错，但是，并无科学依据表明，那些糖分必须全部通过食物摄取，很多人认为，即使通过糖新生的途径合成糖类也没有问题。

人的身体每天需要 130~150 克的糖分，但据说，通过糖新生，人体每天最多可以制作 150 克左右的糖。作为基准，每天摄取 50 克左右的糖，我认为应该不会导致大脑功能下降。

不过，如前所述，慢性的糖不足会促进肌肉的分解，所以，尽可能每天摄取 50 克的糖，不过量摄取就好。然后用营养辅助食品每天补充 40~50 克蛋白质，与饭菜加在一起每天摄取 130~150 克的蛋白质即可。

让人感到烦恼的反而是便秘。问题出在已经习惯了摄取糖类的肠上。因为突然采用以蛋白质和脂质为主的食谱，肠要有一定的适应期，在此期间，大肠杆菌和葡萄球菌等细菌容易增多而导致便秘。医学上将其称为"肠内中毒症"。

糖类可以分为碳水化合物和食物纤维，在减肥期间，促进消化的食物纤维也尽量不要食用，所以，可能会有大便难以排出的情况发生，这一点还请正在向低糖发起挑战的人注意。

· 限糖和 RIZAP 效果的多重回归分析

由前文的讲述已经知道，要想降低体重，有两点非常重要，一是摄入低糖、高蛋白的食物，二是加强肌肉训练。那么，我减肥的成功是否也在于控制饮食和肌肉训练呢？我用自己减肥期间（2015 年 10 月 ~2016 年 2 月共 5 个月）的数据进行了回归分析。

相对于 1 天的糖类摄取量（X），求出 1 天减轻了多少体重（Y）。其结果如下：

1 天减轻的体重 =0.012 ×（糖类摄取量）−0.60

按照此模型，平均每天摄取 50 克糖类，体重几乎不变。而我实际上摄取的糖类介于 40 克到 50 克之间，所以，我仅瘦了低于 50 克糖类摄取的那部分分量，这不就是我减肥的最初 5 个月的成果吗？

不仅要看糖类摄取量，还要看蛋白质摄取量和前一天是否参与了 RIZAP 训练，再对平均 1 天减掉多少体重，利用多重回归分析求出结果。相对于平均 1 天减掉的体重（Y），X 的数据项目有多个的情况被称为多重回归分析。

1 天减掉的体重 =0.015 ×（**糖类摄取量**）−0.004 ×（**蛋白质摄取量**）−0.063 ×（**前一天是否参与了 RIZAP 训练**）−0.23

仅仅瘦了少摄入的蛋白质那点分量？很遗憾，好像出现了严重偏离想象的模型。实际的多重回归分析得出的结果，要通过模型的精准度和各变量选取的好坏程度仔细分析才能清楚，但是，本书无法写到那个深度。对此有兴趣的人最好再做深入的学习。

在最初的 5 个月，体重减轻多少是主要目标，肌肉的维持或增加不是主要目标，所以，蛋白质的摄取和强化训练在减轻体重方面到底发挥了多大作用，也许从数据上很难看出来。

|ıılılıllı 本章总结

　　体重包含脂肪分量和肌肉分量，要想减少脂肪量，就要先计算并决定一天要吃多少食物，这样减肥才有效。

　　如果能够做到这些，也许就省掉许多麻烦。但是，如果不用数字来管理，随意进食，只是每天早晨站到体重计上通过测量体重得出瘦了或胖了的结论，也可能会出现奇怪的状况。

　　特别危险的是，有人可能仅仅是肌肉分量减轻了，但他（她）却为"体重减轻了"而高兴。如果肌肉减少了，身体就会越来越难以瘦下来。与短期减轻体重相比，我认为站在长期的视野上更重要。为此，必须掌握健康要领。

　　从结果来看，与其把目光转移到减肥方法上，不如购买精准度好的仪器激励自己，进行自我健康管理，虽然这看起来像是绕远，但说不定是条减肥的捷径。

第11章

生活水准开始下降了吗？恩格尔系数迅猛上升之谜

"恩格尔系数"页面冻结、无法编辑的原因

"在这方面，除物价变动之外还包括饮食和生活方式的变化。"在 1 月 31 日的参议院预算委员会上，面对在野党提出的"生活越来越苦"的问题，首相做出了这样的反驳。随后，维基百科的相关内容在第二天（2 月 1 日）的上午就被改写了，去年 10 月的最近一次内容更新，包括开头的粗体字部分在内的简明扼要的解释，已经根据首相的回答做了修改，改成了"现在，（恩格尔系数的）重要性在下降"等，出处也被改成出自经济小说。

其他用户以"不要把小说当成出处"为理由迅速把它删除。此次又有另外的人以"近来小家庭和一人独居的家庭增加了，从外面购买现成的饭菜回家吃的人增多了，不能一概而论（恩格尔系数的）数值高了，生活水准就降低了"等内容应战。还有人写进了"在外面进食应该属于交际费和游玩娱乐费，不应包括在食物费用里"等不真实的内容，也被删除了。对"恩格尔系数"这一词条的"编辑交战"已经出现 19 次了。

（2018 年 2 月 22 日《每日新闻》）

零售业应对向食品的转移，恩格尔系数上升到时隔 29 年的水准

截至 2013 年，恩格尔系数已经连续接近 20 年维持在 23% 左右，但是，自 2014 年开始迅猛上升。原因是消费税增收，食品厂商纷纷提价，食品的单价出现上涨。不过，涨价告一段落的 2016 年，恩格尔系数仍然持续上升，其背景是人口结构和生活方式的变化……

恩格尔系数的数值升高表明消费者的生活变得越发困难。不过，如今人们做饭的负担已减轻，为了满足安全放心的心理需求，积极增加食品方面的支出趋势也在增强。由于人口减少，"国民的胃"的确在缩小，但是，人们的支出向食品转移也产生了新的商机。

（2017 年 1 月 26 日《日本经济新闻》）

·是饮食生活的变化还是"安倍经济学"失败的表现

2017 年 1 月 31 日，日本总务省统计局发布了 2016 年家庭生活调查报告，报告称 2 人以上的家庭的恩格尔系数为 25.8%。这成为人们集中谈论的话题。为什么呢？因为这是**时隔 29 年，也就是自 1988 年以来恩格尔系数的最高水准**。第二年，也就是 2017 年的家庭生活调查结果显示恩格尔系数为 25.7%，基本上与上一年持平，这也表明并非数值出现了异常。

所谓恩格尔系数，是指饮食费占家庭的消费支出（为了维持家庭所必需的支出）的比例。恩格尔系数由德国社会统计学家恩斯特·恩格尔 (Ernst Engel，1821~1896) 在 1857 年发表的论文中提出，以此为契机，它作为表示生活水准的指标被确定下来。

恩斯特·恩格尔认为，水和食物等饮食费是维持人生存的最基本的消费项目，要想做到极端节省非常困难。也就是说，**恩格尔系数高的家庭，除了饮食费之外没有更多的钱用于生活消费，说明其生活水准低。**

在日本，恩格尔系数在 2006 年左右不再下降，持续徘徊了一段时间，但自 2013 年开始连续 3 年上升（参见图 11–1）。

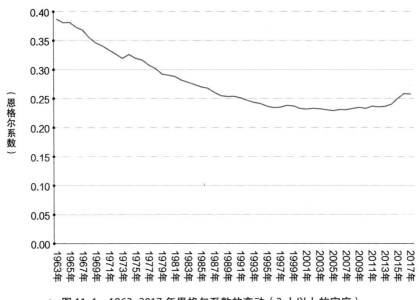

图 11-1　1963~2017 年恩格尔系数的变动（2 人以上的家庭）

（出处：日本总务省统计局"家庭生活调查"）

日本人的生活水准果真开始下降了吗？

在野党据此提出批评，称恩格尔系数上升是"'安倍经济学'进展不利的证据"。但是，执政党认为，"在伙食费中，仅是用于在外面买回家吃的费用增加了，完全没有问题"。究竟哪种说法正确呢？

如今，日本的家庭生活出现了什么问题呢？我对此进行了调查。

·把每月波动较大的家庭支出按 12 个月平均值来把握

在用来算出恩格尔系数的家庭生活调查中，调查对象有"2 人及以上的家庭"、"单身家庭"和将两者加在一起的"所有家庭"三种。关键在于存在着 2 人及以上的生活和单身生活的区别。在看恩格尔系数的变动时，进行按月合计的仅有"2 人以上的家庭"一种，所以，只能参照这个数据。2000 年 1 月以后的变动情况，如图 11-2 所示：

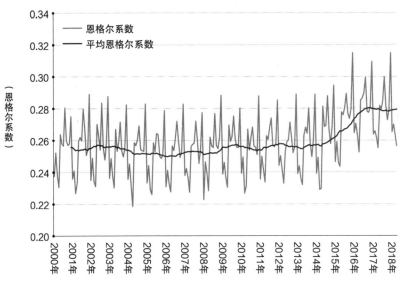

图 11-2　2000 年 1 月以后恩格尔系数的变动（2 人以上的家庭）

（出处：日本总务省统计局"家庭生活调查"）

　　由图 11-2 可知，恩格尔系数每月上下波动幅度较大。通年来看，伙食费每月都是固定数目是不可能的，因此，波动如此之大也是理所当然的。

　　尤其是 12 月，它是一年当中伙食费增幅最大的一个月，由统计结果就可以看得很清楚。因为要为圣诞节和元旦（也是日本的新年）做准备，花很多钱也是理所当然的事情。顺便提一下，2017 年 12 月与上月相比增加了31.48%，创下了 2000 年以来的最高纪录。

　　图中的曲线曲折交错难以看清，所以，这里追加用 12 个月的平均伙食费除以 12 个月平均消费支出之后的 12 个月移动平均算出的结果（参见图11-3）。由此得知，平均恩格尔系数在 25%~26% 左右徘徊了 10 多年，但从**2014 年前后开始上升，并于两年后就达到 28% 左右**。

　　消费支出和伙食费分别是求出恩格尔系数所必需的分母和分子，但出现变化的原因究竟在于分母还是分子呢？

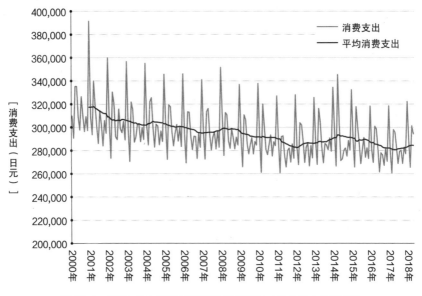

图 11-3　2000 年 1 月以后消费支出的变动（2 人以上的家庭）

（出处：日本总务省统计局 "家庭生活调查"）

由于过于频繁地上下变动，我们把目光转向 12 个月的平均值看看。

以恩格尔系数开始上升的 2014 年 1 月为起点，与其相比，2018 年 4 月，平均消费支出减少了 6,700 日元（-2.3%），伙食费增加了 4,600 日元（+6.2%），还是伙食费的上升幅度大。所以，恩格尔系数的上升是理所当然的了。

顺便提一下，对消费支出进行上溯调查得知，从 1997 年开始，消费支出呈现缓慢下降的趋势，与此相反，伙食费支出在 2011 年降到最低，到 2018 年 4 月逐渐回升到 2000 年的支出水准（参见图 11-4）。因此，"消费支出出现减少"的看法基本准确，但是，对于"伙食费出现增加"这一看法，本人不得不持有保留意见，近 10 年，也有仅仅是偶然的可能。

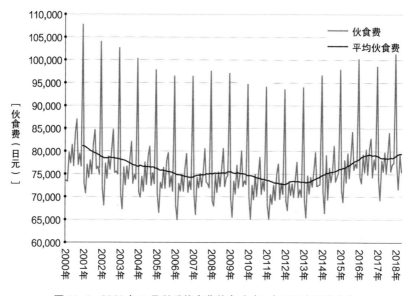

图 11-4　2000 年 1 月以后伙食费的变动（2 人及以上的家庭）
（出处：日本总务省统计局"家庭生活调查"）

从 2013 年左右开始，伙食费上升，难道大家不对此感到奇怪吗？"近来小家庭和一人独居的家庭增加，从外面购买现成的饭菜回家吃的人增多了，不能一概而论（恩格尔系数的）数值高了，生活水准就降低了。"这种对维基百科进行修改的内容，也许不能说是错误的。

有必要对伙食费的明细稍微做些细致调查。

· 看似是糊涂账，实则是仔细调整得出的居民消费价格指数

伙食费的明细分为谷物类、海鲜类、肉类、乳蛋类、蔬菜 / 海藻、水果、油脂 / 调料、点心类、烹调食品、饮料、酒类和外食 12 类。从 2013 年到 2017 年，按年计算 12 个月的平均伙食费变动，如图 11–5 所示：

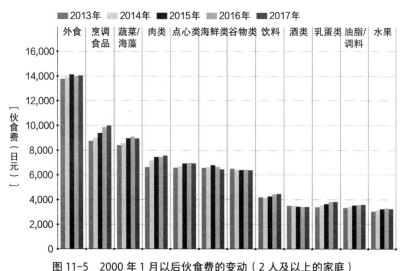

图 11–5　2000 年 1 月以后伙食费的变动（2 人及以上的家庭）

（出处：日本总务省统计局 "家庭生活调查"）

　　5 年时间，平均每年的伙食费整体上升了大约 4,220 日元。2017 年与 2013 年年均增长最多的是烹调食品，大约为 1,250 日元；其次是肉类，约 960 日元；之后是蔬菜 / 海藻，约 540 日元。这 3 种支出占了伙食费总支出的 2/3。所谓烹调食品，就是从外面买回的现成的、可直接食用或者经过简单加热即可食用的食品。由此也可看出，现成食品快速发展的潮流是毋庸置疑的。

　　不过，自 2013 年以后，食品涨价高峰接踵而至，所以，**从伙食费的变动数据里看不出来消费支出上升的原因是因为购买频度增加了，还是因为食品涨价了。**

　　《日本经济新闻》曾使用"涨价告一段落的 2016 年"来表现市场情况，但是，2016 年 4 月，食盐、咖啡、纳豆，甚至就连"咯吱君"（日本有名的冰棒品牌名）都涨价了，该冰棒公司的全体员工还为此事向广大消费者公开赔礼道歉。很多人产生了疑问，能把这些称为"涨价告一段落"吗？而且，报刊刊出的全是广告，不想看都不行，报社的人在这一年多的时间里做了什么？

　　要想知道是否涨价，可以看一下以 2015 年为基准的居民消费价格指数。居民消费价格指数是一种用来表现消费者实际购入阶段的商品的零售价格（物价）变动的指数。

　　顺便提一下，居民消费价格指数是利用大约 150 年前德国的一位名叫拉斯拜尔（Laspeyres，也译为拉斯贝尔）的经济学家设计出来的拉斯拜尔公式推算出来的。世界上很多国家都采用了这一计算公式。

　　想法其实很简单。调查 2017 年全年实际购买的商品，假设把这些商品全部放进一个大的购物筐里，所有商品总计要花掉 100 万日元。第二年购买同样的东西，虽然购物筐里的东西没有任何变化，但是各种商品的价格或升或降，所以，购买这些东西的总费用与上一年相比未必相同。假设第二年花掉了 101 万日元，就说明物价上涨了，与上一年相比多花了 1 万日元。通过居民消费价格指数就可以知道上升的部分。

最近也有这种情况发生，那就是商品的价格没变，甚至还降价了，但是容器的容量变小了，实际上也相当于涨价了，而且这种变相涨价的花样多了起来。这种情况下就要进行品质调整。

以容器的容量变小为例，截至上个月，装入 500 毫升的产品卖 300 日元，由于产品改换了包装，品质没有变化，仅是容量减少了，从这个月开始假设装入 450 毫升的产品卖 290 日元。要想捕捉到纯粹的价格变化，就有必要对容量变化的那部分做出调整。于是，可以把新产品的价格用容量比来换算，与原产品的价格进行比较，计算出实际涨价多少。

也就是说，所谓居民消费价格指数，虽然很难明确说明它对物价水平的反映到底有多准确，但也要认识到，为了反映物价的变动，有关部门对其做了相当细致的调整。

· 利用居民消费价格指数制作散点图

日本 2008~2017 年的居民消费价格指数的变动情况如图 11-6 所示。为了表现差分（又名差分函数或差分运算，是数学中的一个概念），指数的刻度最下面的位置确定为"80"。

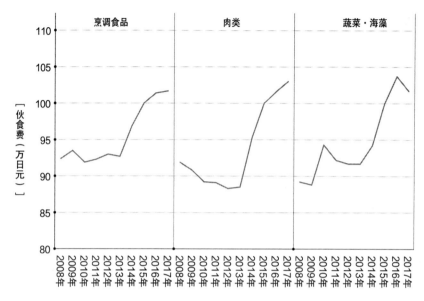

图 11-6　以 2015 年为基准的 2008~2017 年的居民消费物价指数

（出处：日本总务省统计局）

由图 11-6 可以看出，2014 年以后，物价出现了较大幅度的上升。我认为，**伙食费上涨幅度很大，不将其考虑为物价上升是不行的**。所以，"近来小家庭和一人独居的家庭增加了，从外面购买现成的饭菜回家吃的人增多了"这种应付式的结论，可能性也并非不存在。

我们要从食物里看消费水准指数。所谓消费水准指数，是指从家庭生活消费方面，以更准确地把握家庭的生活水准为目的，从消费支出中去除家庭人口、户主的年龄、一个月的天数及物价变动的影响计算出来的指数。

设想一下，2 个人的家庭和 4 个人的家庭，即使收入一样，支出也未必相同。即使冰箱的型号相同，冰箱里装的东西和数量也并不相同。把这种差别考虑成大家习惯了的数字就可以。

顺便提一下，近 30 年来家庭平均人口数呈现出如图 11-7 所示的变动：

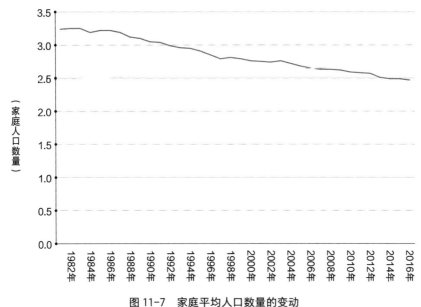

图 11-7　家庭平均人口数量的变动
（出处：日本厚生劳动省"国民生活基础调查"）

因为已经除以居民消费价格指数得出了实际消费支出的变动，所以用不着再对刚才讲到的物价变动进行复杂思考。上涨出来的那部分，我认为已经作为指数做了简化处理。**例如，好像已经用家庭人口分布将消费支出额做了加权平均处理，但是，在相对贫困分析部分，已经讲到"由于多了 1 口人，等价可支配收入明显减少了"，在此处也可以这样思考。**把这样一个前提条件考虑在内，我利用 1981 年以后每年用于吃饭的消费水准指数和每年的恩格尔系数制作了散点图（参见图 11-8）。

图 11-8　消费水准指数（食品）× 恩格尔系数
（出处：日本厚生劳动省 "国民生活基础调查"）

消费水准在 20 世纪 80 年代几乎一直处于徘徊状态，但是从 1993 年开始持续下降，到 2012 年终于再次转为徘徊状态，之后又呈现上升的状态。

20 世纪 80 年代，在吃的方面，人们的生活水准几乎没有发生什么变化，但恩格尔系数下降了，所以，应该将这种状况看作收入增加了。20 世纪 90 年代和 21 世纪初，在吃的方面，人们的生活水准持续下降，但恩格尔系数没有变化，所以，应该将这种状况看作收入下降了。到了 21 世纪 10 年代，在吃的方面，人们的生活水准几乎没有发生什么变化，但恩格尔系数下降了，所以，应该将这种状况看作收入增加了。

· 漏掉了家庭生活调查的回答主体

家庭生活调查是一项非常繁重的任务，必须专心做好半年时间（单身家庭是 3 个月）的家庭生活账本。然而，真能提供这种协助工作的家庭究竟是些什么样的家庭呢？

对家庭生活调查做出回答的户主，他们平均年龄的变动如图 11-9 所示：

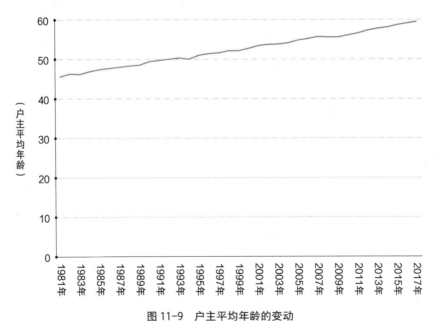

图 11-9　户主平均年龄的变动
（出处：日本总务省统计局“家庭生活调查”）

近 35 年间，户主的平均年龄大约上升了 14 岁，2017 年上升到 59.5 岁，这是马上就要迎来退休的年龄。**家庭生活调查的样本果真准确反映了所有家庭的情况吗？**

实际上，在 2015 年，日本人的平均年龄（在日本居住的全部人口的平均年龄）已经达到了 46.4 岁，而 2005 年为 43.3 岁，大约逐年上升 0.3~0.4 岁。顺便提一下，这个平均年龄之大处于世界第一。也就是说，准确到什么程度姑且搁置不谈，**但户主的平均年龄为 59.5 岁并不是值得大惊小怪的数字。**

当我们看到了恩格尔系数的数字时，想到的都是些什么样的家庭呢？我最初在听到家庭生活饭桌时，头脑中浮现出了"精力充沛的丈夫、出去打短工的妻子、参加俱乐部活动的长子和找朋友玩的长女"这样的家庭构成。这样想是不对的。正如图 11-7 所示的那样，平均来看，小家庭已是再平常不过的了，这些家庭中的绝大部分都是成年人。就像在"年轻人远离××"中已经介绍的那样，孩子的数量已经绝对地减少了。

用自己设想的范围来套用数字是不对的，所以，不应该说是"安倍经济学"失败了，而应该说从外面买回来吃的人增加了。那种随意的想象在头脑中膨胀，才是真正的偏见。

顺便提一下，日本财务大臣麻生太郎也指出了家庭生活调查存在的问题，他提出了"难道不是主要的样本都偏向老年家庭了吗"，也就是委婉地提出了样本"没能表现出整体情况"的批评。

因是否需要重新评估统计结果，经济阁僚展开争斗

财务大臣麻生太郎 VS 总务大臣高市早苗，行政改革大臣山本幸三闯入

对于计算 GDP 用于推算个人消费的总务省的"家庭生活调查"，政府内部也有人发出了批评的声音，指出"调查对象有偏颇"。可以看出，政府也对长期以来一直存在的个人消费低迷表现出了焦虑。

点燃这场"争斗"导火线的是财务大臣麻生太郎。在去年 10 月的经济财政咨询会议上，他指出，家庭生活调查的数值与经济产业省的商业动态统计"出现了不一致的趋势"，并批评家庭生活调查的对象偏重老年人，没能反映经济的实际状态。

对此，总务大臣高市早苗提出反驳，认为两项统计的对象范围不同，"在进行直接比较时必须留意"。针对这种情况，总务省为了开发出能够把握消费动向的新的统计指标，于本月召开了专家会议。

（2016 年 9 月 28 日《产经新闻》）

日本的老龄化已经严峻到远远超出我们的想象，达到了就连麻生大臣都判断错误了的程度。2017 年，户主各年龄段的明细如表 11-1 所示：

表 11-1 2017 年家庭生活调查之"户主年龄段明细"

项目	平均	未满 40 岁	40~49 岁	50~59 岁	60~69 岁	70 岁以上
家庭数分布（万分之比）	10,000	1,169	1,789	1,701	2,345	2,996
家庭人口（人）	2.98	3.65	3.68	3.22	2.69	2.38

续表

项目	平均	未满 40 岁	40~49 岁	50~59 岁	60~69 岁	70 岁以上
户主年龄（岁）	59.5	34.3	44.6	54.6	65.0	77.0

（出处：日本总务省统计局"家庭生活调查"）

大家难道没有想到 70 岁以上的老年人远比想象的多吗？这就是日本家庭数量的缩影，这就是少子化和老龄化的现状。

顺便看一下各年龄段的恩格尔系数，如表 11-2 所示：

表 11-2　2017 年家庭生活调查之"户主年龄段明细"

单位：日元 / 人

	平均	未满 40 岁	40~49 岁	50~59 岁	60~69 岁	70 岁以上
消费支出	283,027	25,160	315,189	343,844	290,084	234,628
食品支出	72,866	63,693	77,100	78,052	76,608	68,065
家庭人口	2.98	3.65	3.68	3.22	2.69	2.38
人均食品支出	24,452	17,450	20,951	24,240	28,479	28,599
恩格尔系数	25.7%	24.9%	24.5%	22.7%	26.4%	29.0%

（出处：日本总务省统计局"家庭生活调查"）

60 岁之前，年龄越大消费支出越多，而 60 岁以后的消费支出开始减少。恩格尔系数正好相反，起初年龄越大数值越低，60 岁以后开始升高。这大概是与收入呈现联动关系造成的。另一方面，通过换算为平均每个家庭人口伙食费的支出，可以看出随着年龄的增大，人均伙食费也呈现增加的趋势。可见，恩格尔系数的急速上升与老龄化也有关系。也就是说，我们不能一概而论地认为，由于收入减少，伙食费就被压缩。

ⅠⅠⅠⅡⅠⅠⅡⅠⅠ 本章总结

　　日本的恩格尔系数在最近数年呈现上升趋势，并非仅仅是由哪一种原因引起的，而应该考虑为各种各样的复合性原因重叠在一起导致的。市场调查专家对此也有意见分歧，读取数字的方法不同，结论也可能不同。

　　利用 150 年前开发出来的恩格尔系数来测量"生活水准"的思想很可能是错误的。如今与发明恩格尔系数的时代相比，生活水准、家庭和伙食费等所有的概念都发生了变化。在仅仅上升了百分之几的现在，恩格尔系数还能作为实证"这就是生活水准下降了"的理由吗？

　　或许不用整个家庭，而用家庭人口来求出的恩格尔系数才能把现在的实际状况搞清楚。

　　我们往往容易给复杂的事物求出容易理解的答案，是"安倍经济学"导致的，还是物价上涨导致的，或是因为购买现成的食物的意识增强了，又或是因为社会发生变化了，这些全都是正确答案，但又全都不是正确答案。这些因素密切关联，综合的结果就是恩格尔系数上升了百分之几。

　　的确，快刀斩乱麻地得出结论，大家都轻松愉快。但是，纷繁复杂的人际关系大都在起因之处就令人费解，与此同理，大部分难解的事物都有非常复杂的原委。将难解的部分跳过，不求甚解地得出的答案，与那些假消息又有什么区别呢？

结束语

非常感谢大家能够将本书读到最后！

也许很多人都想，阅读数据是多么平常的一件事情。但如果读者能够通过本书减少平时接触数据的费解感，了解将数据本身原样接受的危险，加深对阅读数据所抱有的偏见的理解，那就没有比这更让我感到高兴的事情了。

我在开头已经阐述，本书是为那些想学习数据科学却对数学很不擅长，最重要的是不知从哪里学起才好，正在为此而困惑的人写的超级入门书。读者读完本书，就理应能够带着"这个数据正确吗""这个数据反映了现实吗"的眼光展开分析了。

有时我也会想，以各种各样的数据来表现纷繁复杂的现代社会，并对其进行深入解剖，这件事本身太不自量力。通过数据来表现，也许会导致实际发生的某些现象被忽视或被误解。我认为，能够考虑到这些再展开分析的人，才算得上一流的数据科学家。

在接触数据之前，先对数据展开思考，这难道不是"超级入门"的秘诀吗？

在本书从撰写直到出版的整个过程中，我得到了多方的指导。

我从我就职的 Dekom 公司的大松孝弘社长那里学到了"打破偏见"的思考方法，从公司调查分析团队那里掌握了数据解读能力，在此均表示深深的感谢。此前在 Lockon 公司的营销指标研究所担任所长期间，我接受了数据计测方法的彻底训练。这些训练成果在本书中都得到了充分利用。任何事情都只有经过训练才能有深刻体会。

当我每次向编辑名古屋刚先生汇报本书的写作进展时，都得到了他"非常有趣"的好评。我一边感叹他真的是一位夸奖人的高手，一边很快走上正轨，从着手准备到完成书稿仅用了半年时间。对他除了感谢还是感谢。

最后，我相信，通过本书，各位读者阅读数据的眼光都会得到锻炼。无论是在 kaggle（为开发商和数据科学家提供学习和竞赛的平台）上，还是在数据分析的现场，我都期盼与各位幸会的那一天。

松本健太郎

参考图书

D. ネトルトン『データ分析プロジェクトの手引』（共立出版、2017）

デービッド・アトキンソン『世界一訪れたい日本のつくりかた』（東洋経済新報社、2017）

ダイアン・コイル『GDP ——〈小さくて大きな数字〉の歴史』（みすず書房、2015）

新家義貴『予測の達人が教える経済指標の読み方』（日本経済新聞出版社、2017）

明石順平『アベノミクスによろしく』（集英社新書、2017）

ザカリー・カラベル『経済指標のウソ 世界を動かす数字のデタラメな真実』（ダイヤモンド社、2017）

モルテン・イェルウェン『統計はウソをつく - アフリカ開発統計に隠された 真実と現実 - 』（青土社、2015）

沢木耕太郎『危機の宰相』（文春文庫、2008）

谷岡一郎『「社会調査」のウソ―リサーチ・リテラシーのすすめ』（文春新社、2000）

ダレル・ハフ『統計でウソをつく法―数式を使わない統計学入門』（ヴルーバックス、1968）

みずほ総合研究所（編）『データブック格差で読む日本経済』（岩波書店、2017）

玄田有史（編）『人手不足なのになぜ賃金が上がらないのか』（慶応大学出版会、2017）

吉成真由美（編）『人類の未来　AI、経済、民主主義』（NHK 新書、2017）